气象变化条件下引黄灌区真实耗水量响应机制及动态阈值研究

冯峰　著

中国水利水电出版社
www.waterpub.com.cn
·北京·

内 容 提 要

本书由8章构成，介绍了灌区耗水量国内外的研究现状，对引黄灌区的真实耗水量相关概念进行了界定和计算方法的介绍；重点阐述了用水流向跟踪法构建指标体系、基于相对差异度函数的灌区综合完备度综合评价模糊可变模型，对三义寨引黄灌区进行了灌溉用水有效利用系数综合评价、综合完备度评价；提出了气象因子对引黄灌区作物需水量影响的通径分析，基于气象指数和变化幅度对三义寨引黄灌区需水量进行了动态阈值预测；提出了下一步的研究展望。

本书可供水文、水资源、节水灌溉等学科的科研人员、大学教师、高年级本科生和研究生，以及从事水资源优化配置、灌区管理规划、水资源调度领域的技术人员参考和使用。

图书在版编目（CIP）数据

气象变化条件下引黄灌区真实耗水量响应机制及动态阈值研究 / 冯峰著. -- 北京 : 中国水利水电出版社, 2022.8
ISBN 978-7-5226-0956-0

Ⅰ. ①气… Ⅱ. ①冯… Ⅲ. ①气候变化－影响－黄河－灌区－需水量－研究 Ⅳ. ①S276

中国版本图书馆CIP数据核字(2022)第157440号

书　　名	**气象变化条件下引黄灌区真实耗水量响应机制及动态阈值研究** QIXIANG BIANHUA TIAOJIAN XIA YINHUANG GUANQU ZHENSHI HAOSHUILIANG XIANGYING JIZHI JI DONGTAI YUZHI YANJIU
作　　者	冯峰　著
出版发行	中国水利水电出版社 （北京市海淀区玉渊潭南路1号D座　100038） 网址：www.waterpub.com.cn E-mail：sales@mwr.gov.cn 电话：（010）68545888（营销中心）
经　　售	北京科水图书销售有限公司 电话：（010）68545874、63202643 全国各地新华书店和相关出版物销售网点
排　　版	中国水利水电出版社微机排版中心
印　　刷	清淞永业（天津）印刷有限公司
规　　格	170mm×240mm　16开本　10.5印张　206千字
版　　次	2022年8月第1版　2022年8月第1次印刷
印　　数	0001—1000册
定　　价	**78.00**元

凡购买我社图书，如有缺页、倒页、脱页的，本社营销中心负责调换

版权所有·侵权必究

前言

黄河是中国北方地区的重要水源，以占全国2%的径流量承担了全国15%耕地和12%人口的用水需求，被喻为沿黄地区的生命线。随着黄河流域工农业生产迅速发展，人口急剧增长，加之气候变化的影响，黄河流域径流量发生了显著改变。但是黄河水资源量就这么多，搞生态建设要用水，发展经济、吃饭过日子也离不开水，不能把水当作无限供给的资源。近年来，国家发展改革委联合水利部、住房和城乡建设部、工业和信息化部、农业农村部联合印发《黄河流域水资源节约集约利用实施方案》。要坚持以水定城、以水定地、以水定人、以水定产，把水资源作为最大的刚性约束，坚决抑制不合理用水需求，大力发展节水产业和技术，大力推进农业节水，推动用水方式由粗放向节约集约转变。

针对目前引黄灌区用水效率较低，采用的定额配水管理方式较落后等问题，为实现“以需定供、以耗定供”的供水方式新突破，最终达到有效节水，提高水资源利用效率的目的，本书以河南省三义寨引黄灌区为研究区域，基于用水流向跟踪法，识别灌区所有耗水因子；构建灌区综合完备度评价指标体系和评价标准，对耗水因子有效性进行判别，并确定其测算方法；建立灌区未来综合完备度分值计算模型，对灌区进行综合评价；基于用水流向跟踪和综合完备度，利用灌区1999—2019年逐日地面气象观测资料和数据，计算灌区真实耗水量，分析净灌溉需水量、真实耗水量和实际引水量三者之间的动态变化规律，从而为实现引黄灌区“以需定供，以耗定供”供水方式奠定坚实的技术基础。

本书共8章。第1章，介绍了灌区耗水量的研究背景、意义及其国内外研究现状；第2章，详细介绍了研究区域——三义寨引黄灌区的背景和概况，以及存在的问题；第3章，明确了灌区真实耗水量相关概念及计算方法，并对灌区的3种主要作物冬小麦、夏玉米和棉花20年的逐旬作物需水量、灌溉需求指数进行了计算和分析；第4章，介绍了流向跟踪法用于灌区耗水因子识别，构建了综合完备度评价指标体系；第5章，构建了基于流向跟踪和综合完备度的引黄灌区模糊可变的计算模型和方法体系，并以三义寨灌区为计算实例进行了验证；第6章，对引黄灌区需水量响应机制及动态阈值进行了研究，利用通径分析遴选出3种主要作物冬小麦、夏玉米和棉花对应的气象因子，构建了3种作物不同的气象指标及阈值变化范围，计算出三义寨灌区总体和分区灌溉需水量动态阈值；第7章，针对三义寨引黄灌区灌溉用水真实耗水量影响因素进行了通径分析，并查找影响因素；第8章，对本书所做的研究进行了总结，并对下一步要进行的研究工作进行了展望。

在本书的研究、撰写过程中，许多专家给予了专业的指导和无私的帮助，他们是：黄河水利科学研究院姚文艺教授，黄河水利职业技术学院院长胡昊教授、副书记杨士恒教授、副校长焦爱萍教授、科研处处长杨中华教授、组织部部长周志琦教授。同时，感谢黄河水利职业技术学院靳晓颖老师、赵婷老师、刘翠老师、贾洪涛老师、张鹏飞老师、张芳博士、李佳璐博士、徐鹏博士、姜楠老师，参与了本书的成稿和校核工作。在此深表感谢！

本书的研究和出版得到了国家自然科学基金项目“气象变化条件下引黄灌区真实耗水量响应机制及动态阈值研究”（51809110）、2021年河南省科技攻关项目“基于AWT和LID的河南引黄灌区水资源循环利用关键技术研究”（212102311147）、2019年度河南省水利科技攻关计划项目“基于耗水因子识别和完备度分值的引黄灌区真实耗水量分析”（GG201938）等项目的资助，在此一并致谢。

由于受时间和作者水平所限，本书许多内容还有待完善和继续深入研究，若有错误或不足之处，敬请读者和有关专家给予批评指正。

作　者

2022年3月于开封汴西湖畔

目录

第1章

绪　论

1.1 研究背景及意义

1.1.1 研究背景

水是生命之源、生产之要、生态之基[1]。我国是一个水资源匮乏的国家，人均水资源量只相当于世界人均量的1/4，被列为世界上人均水资源贫乏的13个国家之一[2]。随着我国水资源的日趋短缺及经济的飞速发展，各部门、各地区之间用水矛盾日益突出，水资源短缺成为制约经济和农业发展的关键因素，水资源与粮食和生态环境之间的关系变得尤为紧张[3]。为了有效解决我国农业发展过程中日益严重的干旱缺水问题，不断提高水资源的高效利用，党中央、国务院高度重视节水灌溉发展，提出了要把推广节水灌溉作为一项革命性措施来抓的发展方针，采取一系列对策措施推动全国节水灌溉稳步发展[1]。

近年来，随着我国水资源供需矛盾的日益突出，党中央、国务院更加重视节水型社会建设和节水灌溉发展。党中央和国务院提出，要把建设节水型社会作为解决我国干旱缺水问题最根本的战略举措，即全面推进节水型社会建设，大力提高水资源利用效率，加强城市工业和服务业节水管理，大力发展农业节水灌溉。

三义寨引黄灌区是河南省内的大型灌区之一，三义寨引黄灌溉工程始建于1958年，渠首闸原设计引水流量为520m^3/s，灌区规划功能为灌淤、航运，灌溉涉及河南的开封、商丘和山东的菏泽3个地区共18个县（市），设计灌溉面积1980万亩。1961—1965年灌区停止使用并遭到破坏。1966—1969年兰考恢复了引黄灌溉，以放淤、抗旱送水为主，发挥了部分工程效益。渠首工程经1974年和1990年两次改造，过水能力达到了107m^3/s。河南省计划委员会以豫计经规〔1992〕1943号文批准立项，建设新三义寨引黄供水工程，新开通商丘干渠和东分干渠，并在东分干坝窝闸以上设立条形沉沙池，为今后灌区续建配套与节水改造工程创造了条件。新三义寨引黄工程设计引水流量为107m^3/s，灌溉涉及开封、商丘两地9个县（区）。采取工程措施后灌区效益发挥显著，但是随着区域内人口密度的增加和可供水量的减少，用水矛盾日益突出，三义寨引黄灌区作为黄河流域的用水大户，研究灌区灌溉用水有效利用系数，通过对传统测算法和首尾测算法进行比较，对灌溉用水进行综合评价分析，掌握影响灌区灌溉用水有效利用系数的影响因素，对科学合理地调配水资源、实现水资源的高效利用、促进灌区增产增收具有重要的意义。

1.1.2　研究意义

随着我国水资源的日趋短缺及经济的飞速发展，各部门、地区之间用水矛盾日益突出，水资源短缺成为制约经济和农业发展的关键因素，水资源与粮食安全和生态环境之间的关系变得尤为紧张[3]。农业安全可持续发展面临着诸多问题，其中：水资源供需矛盾突出仍然是可持续发展的主要瓶颈；农田水利建设滞后仍然是影响农业稳定发展和国家粮食安全的最大硬伤；随着工业化、城镇化深入发展，全球气候变化影响加剧，我国水利面临的形势更趋严峻，增强防灾减灾能力要求越来越迫切，强化水资源节约保护工作越来越繁重，加快扭转农业主要“靠天吃饭”局面的任务越来越艰巨[4]。2011 年中央一号文件《中共中央国务院关于加快水利改革发展的决定》中也明确指出了发展目标：力争通过 5 年到 10 年努力，从根本上扭转水利建设明显滞后的局面。到 2020 年，农田灌溉水有效利用系数提高到 0.55 以上，“十二五”期间新增农田有效灌溉面积 4000 万亩[1]。

经过前期研究及分析计算发现，本书的研究区域——河南省三义寨引黄灌区 2008—2014 年的平均灌溉水有效利用系数为 0.41，与 2020 年的基本目标 0.55 还有较大的差距。因此，如何提高灌区水资源的利用效率？如何提高灌溉水有效利用系数？如何在不增加水资源量的情况下扩大灌溉面积？这些问题都迫切地需要探讨和解决，亟待进行深入的研究和实践。而解决上述问题的关键，是要明确灌区的水资源都在哪些环节消耗了，气象变化条件下，不同农作物、不同时间尺度的净灌溉需水量和真实耗水量究竟是多少。只有在获得了科学合理的数据基础上，才能在灌区实施“以需定供、以耗定供”，从而实现真正的节约水资源，提高水资源的利用效率。因此，开展气象条件变化下灌区净灌溉需水量、真实耗水量的响应机制研究，就凸显出重要的理论价值和现实意义，具体包括以下 4 个方面。

1.1.2.1　为中长期黄河水量调度方案编制提供决策依据

本书主要是基于气象条件变化下，探索引黄灌区的净灌溉需水量和真实耗水量的响应机制，掌握灌区年、月尺度下真实的用水状况，对灌区需水量阈值进行动态预测，为中长期黄河水量调度方案编制提供决策依据。灌区实施“以需定供、以耗定供”的引水、分配水方案，将进一步提高黄河水量调度的科学

性和前瞻性，协调有限的黄河水资源的供需矛盾，可以创造更高的经济效益和社会效益。

1.1.2.2 为引黄灌区实施“以需定供、以耗定供”提供技术保障和数据支持

从宏观上，引黄灌区需要从黄河引多少水，能满足整个灌区的需求；从微观上，农田的作物需要多少水，能满足自身生长的需要；从年尺度上，灌区的净灌溉需水量和真实耗水量的内在联系；从月尺度上，灌区不同作物（例如夏玉米、冬小麦、棉花等）净灌溉需水量的变化规律……以上内容都是本书研究的重点，不仅要为掌握灌区的“真实耗水”提供必需的基础数据，也为灌区实施“以需定供、以耗定供”管理模式提供技术保障和数据支持。

1.1.2.3 有效规避气象条件变化对灌区产生的不利影响和潜在风险

鉴于全球气候变化影响加剧，提高引黄灌区防灾减灾能力的要求越来越迫切。一方面，需要根据净灌溉需水量进行科学的水资源分配和农业灌溉；另一方面，需要根据气象条件变化，预测年、月尺度下灌区真实需水量的动态阈值。因此，本书开展的气象条件变化与净灌溉需水量的影响机理的研究，可以有效地避免气候条件的变化（如干旱或内涝）而导致的农田严重减产，有效规避气象条件变化对灌区产生的不利影响和潜在风险。

1.1.2.4 缓解水资源的供需矛盾促进社会和谐发展

在各省市的引黄用水中，农业始终是用水大户，其次是工业、生活用水。通过研究，可以使整个灌区的水资源利用效率和效益达到最大化，从而有效地协调工业、农业和生活用水。这样不仅可以促进工业发展，同时也可以提高农业的用水水平，改善农业超额用水现象，减缓灌区的水资源供需矛盾等，可促进经济的增长和社会的稳定繁荣，有力地推进节水型社会建设，保障社会和谐发展。

1.2 国内外研究现状及其分析

1.2.1 国内外研究现状

近年来，气候变化条件下作物需水量和灌溉需水量研究成果较多[5-7]，作物需水量和灌溉需水量在不同地区的分布特征及其对不同区域气候变化响应是研究的热点[8]。刘钰、孙世坤、马林等[9-11]，通过对不同空间区域灌区需水量的研究，运用线性回归等方法，寻找影响灌区需水量的主要因素。李萍、李硕、黄仲冬等[12-14]，通过分析降水量、相对湿度、最高气温、日照时数、平均气温、风速等气象因素变化对农田灌溉需水量的影响大小，发现降水是影响

作物灌溉需水量的首要因素，其在时空分布上均对灌溉需水量产生显著影响。马黎华等[15]通过对比分析多元线性回归模型、人工神经网络 BP 模型以及人工神经网络集成模型，发现神经网络集成模型具有较高的模拟精度，且能反映净灌溉需水量影响因素的不确定性。王站平、王明新[16-17]基于 GIS 和 RS 建立引黄灌区的 SWAT 模型，并将此模型应用到灌区水资源管理中。程涛[18]利用小波函数的局部化特征对气象资料进行分析，探测其中的波状结构、间歇性结构、过渡结构等相关结构。贺伟、胡永宁等[19-20]运用小波分析，探讨地区降雨量、气温变化等气象因素的变化趋势。汤小橹、田俊等[21-22]，基于小波分析，研究了农作物产量与气候变化的响应机制。气候突变分析主要是用统计方法，如低通滤波器、滑动的 t-检验法[23]、Crammer 法、Yamamoto 法和 Mann - Kendall 法等[24]。这些方法虽能判别出某些突变点的大致位置，却不能揭示出气候变化的多层次结构。阎苗渊等[25]基于人民胜利灌区近 52 年的气象资料，采用 FAO56 - PM 法分析灌区主要作物需水量、灌溉需水量和相应生育期内气象要素的变化趋势及其相关性。结果表明，作物需水量主要影响因子是日照时数（水稻、玉米、棉花和花生，正相关）、平均相对湿度（小麦和油菜，负相关），作物灌溉需水量的主要影响因子均为降雨量（负相关）。闫苗祥等[26]采用郑州市近 40 年气象资料，分析研究了郑州市主要作物需水量以及各作物生育期内气象因子（降雨、平均风速、平均气温、平均相对湿度、日照时数、日最高气温、平均气压、平均水气压）变化趋势，用主成分回归分析法确定影响各作物的主要气象因子，并探讨了主要气象因子与相应作物需水量的关系。轩俊伟等[27]基于新疆地区 54 个国家基本气象站 1963—2012 年的逐日气象资料，利用 Penman - Monteith 公式和作物系数法，得到近 50 年来新疆小麦全育期和各生长阶段需水量，并利用线性趋势估计、MK 检验、空间插值法分析了小麦全育期及各生长阶段需水量的年际变化趋势、空间分布特征及气象影响因素。吴灏等[28]利用昆明市日气象数据、水稻生育期数据和土壤数据，通过 CROPWAT 模型模拟研究 1980—2012 年水稻生育期内需水量和灌溉用水量年际变化特征及气象要素对其的影响。结果表明，作物需水量与温度、风速和日照时数正相关，与相对湿度负相关；灌溉用水量与降水量负相关，与日照时数正相关。李彦彦等[29]针对陆浑灌区极端天气频发的问题，利用陆浑灌区 1951—2013 年逐日气象资料，采用小波分析对灌区降水量、平均气温及参考作物需水量（ET_0）进行一般趋势分析及多时间尺度周期分析，运用 Mann - Kendall 法对各气象要素进行突变检验。

对于灌区耗水量的概念，国内外学者们给予了不同的内涵界定[30-37]。张永勤等[38]在南京地区农业耗水量估算时，认为农业用水仅指农业生产用水，不包括农村生活及牲畜用水，故农业耗水量就是农田蒸散发量。王少丽等[39]

在用相关分析法进行河北雄县水平衡分析计算时，将耕地、非耕地的腾发量，农村人畜用水量及农村工副业用水量纳入了灌区耗水量计算的范畴。肖素君等[40] 研究沿黄各省区耗用黄河水量时，从河道耗水量的角度提出河道耗水量的概念，即从河道引出的水量与该水量回归原河道的水量之差，其定量表达式为灌区作物蒸腾蒸发量、地面水蒸发量、田间入渗量及渠体入渗量之和。秦大庸等[41] 在宁夏引黄灌区耗水量及水均衡模拟计算中，认为耗水量包括作物耗水量、潜水蒸发量和水面蒸发量。

在进行灌区耗水量计算过程中，学者们从水资源形成及转化等不同角度出发，建立了多种耗水量计算模型。康玲玲等[42] 利用黄河上游宁蒙灌区近50年气温、降水资料，分析揭示了气候干暖化的趋势，根据气温、降水和灌溉面积与耗水量的关系，建立了气候因素和灌溉面积等其他因素与耗水量的关系式。蔡明科等[43] 在宝鸡峡灌区耗水量变化规律及影响因素分析研究中，通过对灌区用水对象和耗水机理的分析，建立了灌区耗水量计算模型，通过模型计算与分析，发现灌区年耗水量总体呈小幅度递减趋势。秦大庸等[41] 在宁夏引黄灌区耗水量及水均衡模拟研究中，利用灌区引黄耗水量与引黄灌区降水量系列资料进行统计和分析，发现灌区引黄耗水量与灌区降水量之间呈显著的负相关关系。井涌[44] 应用水量平衡原理，提出了计算流域耗水量的两种水量平衡方程式，并以陕西渭河区域耗水量作为计算例证。刘苏峡等[45] 基于水量平衡提出一个直接从降雨导出流域生态耗水量的计算方法，该方法从降雨这个原始水来源出发，避开了容易引起混淆的流域水资源计算。韩宇平等[46] 基于水量平衡理论，将区域看作一个水箱来建立灌区耗水模型，计算分析了宁夏引黄灌区的广义生态耗水量。谢立群等[47] 采用 Penman - Monteith 公式计算出水稻需水量，最后得出沈阳市毓宝台灌区水田耗水量，并认为水田耗水量是由水田需水量和渗漏量组成的。朱发昇等[48] 在干旱区农业灌溉耗水计算方法的研究中，提出了渠系耗水中渠系水面蒸发计算的模拟调度法和渠系浸润耗水计算的水量平衡法。王成丽等[49] 针对以往灌区耗水量计算方法的不足和灌区水循环机制的特点，以青铜峡引黄灌区为例建立了基于“四水”（即大气水、地表水、地下水和土壤水）转化的灌区耗水量计算模型，详细计算了各种耗水类型的耗水总量和耗用的黄河水总量，并定量分析了各水均衡要素的相互转化关系。周志轩等[50] 将影响灌区耗水量的主要因素（引水量、排水量、降雨量、蒸发量和地下水位埋深）作为影响因子，建立青铜峡灌区灌溉耗水量的 BP 神经网络模型，对 2001—2003 年灌区耗水量进行了预测。结果表明，误差满足要求，精度较高，说明网络函数的选取和结构设计较为合理，该模型可用于灌区农业耗水量的预测。连彩云等[51] 用河西灌区 2006—2008 年连续定位试验资料，分析了不同供水水平对玉米的耗水量和耗水规律及其与产量的关系，并建立了各参数的数学模型，研究了不同供水水平与地上部干物质积累及叶面积系数的关系，结果表明，玉米阶段耗水量和日均耗水量随着灌溉定额的增加而增加，而产量及其构成因素与耗水量则呈抛物线形变化。周鸿文等[52] 根据最严格水资源管理要求，合理界定了流域耗水量概念的内涵，建立了黄河流域耗水系数评价指标体系和计算模型结构，将用水总量、用水效率和入河湖排污总量纳入评价指标体系，对影响模型的主要方面进行了流域尺度效应分析。

综上，对于国内外关于灌区耗水量或区域耗水量的计算方法[53-56]，概括起来有以下4种：①河段差法（节点控制法），其基本依据为入境和出境水文测站实测资料，以及区间汇入、调出水量等资料，根据水量平衡分析耗水量；②最大蒸发量法，一般采用 Penman - Monteith 公式计算参考作物蒸发腾发量，再换算成灌区耗水量；③引排差法，对实测引排水量进行统计求差，得出控制区域的耗水量，计算结果取决于引退水资料的精度；④灌区水均衡法，利用力学"隔离体"的概念，对某一计算分区考虑所有来水量、耗水量、退水量及水的相互转化关系，其中来水量包括各种引水量和降水量，耗水量包括作物耗水量、潜水蒸发量和水面蒸发量等，排水量包括地表排水量、地下侧向排泄量，而水量转化关系考虑各种入渗、蒸发等。

1.2.2 研究现状分析

国内外与灌区净灌溉需水量和真实耗水量相关的概念内涵和计算方法研究，都为继续深入研究奠定了坚实的基础。但也存在着一些问题：

（1）灌区需水量的计算采用土壤水量平衡方程，通常考虑的是农作物需水量、有效降雨量、其他补给水量、其他耗水量，结合灌溉制度、种植结构、灌溉过程等因素，最终确定灌区实际引水量。以往的研究对象是以单品种农作物为基础，考虑其他供（耗）水成分，最终确定灌区需水量。但是农作物的需水量受气象条件变化影响较大，同时有效降雨量也受到气象条件的制约，灌区内其他补给水量也受期间气候变化的影响。因此，气象条件变化对灌区净灌溉需水量的综合影响还是较显著的，但目前在气象条件变化的影响下灌区净灌溉需水量变化规律的研究较少。

（2）气象变化包含多个不同时段，同一时段内又包含各种时间尺度的周期变化，即气象条件变化在时域中存在多层次时间尺度结构和局部化特征。通常运用小波分析法对气象变化进行周期性分析，但没有考虑到气象变化对灌区净灌溉需水量周期性变化及变化程度的影响。

（3）灌区耗水量的概念仅从某种研究对象或某种研究目的出发而提出，对于多种水源联合利用，且用水对象呈多元化的灌区有一定的局限性。一是没有从灌区水循环的角度出发，同时考虑地表水与地下水的联合供水量，不利于灌

区水资源利用效率的提高。二是对灌区耗水对象及耗水过程考虑不够全面，如仅考虑了农田灌溉耗水，而没有考虑灌区内其他工业或生活耗水，或仅考虑了用水环节中的水量消耗，而忽视了输水环节中的水量消耗。因此需要对灌区真实耗水量进行重新界定和构成分析。

(4) 现有灌区耗水量计算方法各有特点但也均有不足。用河段差法计算，当控制断面比较复杂时，测量误差不好控制，且该法没有考虑地表水与地下水之间的转换量。最大蒸发量法的不足之处在于利用点试验数据进行区域的大面积估算，计算误差较大，且仅考虑和计算实际灌溉面积上的蒸发量，而没有考虑大型灌区其他面积上的蒸发情况。引排差法的缺点在于各水文站的监测标准不一定统一，测验误差大会造成引水资料误差大。水均衡法考虑较全面，但主要着眼于灌区内部水系统，没有与供水系统结合起来。因此梳理灌区各用水单位用水全过程中的所有耗水环节、耗水因子，分析各环节耗水机理并确定耗水因子量化计算方法，最终确定灌区真实耗水量显得尤为重要。

1.2.3 动态分析

综上所述，已取得的研究成果多侧重于灌区耗水量某单一组成部分，提出的计算方法和拟合的经验公式对本地区耗水量计算比较准确，但地域性、普适性比较差，适用的范围较小。同时灌区耗水量各组成部分是相互转化的，在研究灌区耗水量计算方法时应考虑各种水相互转化的影响。另外，灌区耗水系统的地域变化和时间变化又具有很高的非线性特点，综合考虑各种因素，尝试探索计算灌区耗水量的具有多因素、多地域适应性的综合方法成为必然。因此，开展气象条件变化下灌区净灌溉需水量、真实耗水量的响应机制和动态阈值预测的研究，就凸显出重要的理论价值和现实意义。只有解决了净灌溉需水量、非灌溉耗水量、真实耗水量的变化机理和计算模型等关键问题，才能在灌区实施“以需定供、以耗定供”，从而实现真正的节约水资源，提高水资源的利用效率。

1.3 研究内容和目标

1.3.1 研究内容

本书以河南三义寨引黄灌区为研究区域，按照“以需定供、以耗定供”的分配水原则，甄选出气象变化的边界条件，针对引黄灌区净灌溉需水量、真实耗水量的确定问题，开展其响应机制、变化规律、动态阈值研究。主要有以下3部分内容：

（1）以农作物生长过程为出发点，以净灌溉需水量为研究切入点，理清气象条件与净灌溉需水量的对应变化关系和响应机制。首先，以三义寨引黄灌区 20 年（1996—2015 年）共计 240 个月的气象数据为基础，筛选出影响较强烈的 4～5 个气象因子，构建气象综合指数；其次，通过小波分析甄选和确定出不同时间尺度（年、月）下正常变化、弱变化、强变化的气象边界范围；最后，观察和分析在不同气象变化强度下，不同时间尺度（年、月）下灌区的不同作物（玉米、小麦、棉花）的净灌溉需水量的变化趋势和响应机制。

（2）以灌区用水为出发点，以灌区真实耗水量为研究切入点，揭示引黄灌区净灌溉需水量、真实耗水量、实际引水量 3 者之间的互相影响和变化规律。首先，理清灌区真实耗水量的概念和构成，其由净灌溉需水量和非灌溉耗水量构成；其次，基于用水流向跟踪法，按照引水口门→分配水工程→各级渠道→农田→作物→蒸发、下渗、外漏、溢出→排水口门的顺序，识别出各环节非灌溉耗水量的耗水因子，判别耗水因子的类别（无效或有效），并确定其测定或计算方法；再次，构建灌区综合完备度评价指标体系和评价标准；最后，根据灌区 1996—2015 年 20 年共计 240 个月实际引水资料和数据，理清对应的 3 种不同变化强度气象条件下，净灌溉需水量、真实耗水量和实际引水量之间的动态变化关系。

（3）以灌区需水为出发点，以灌区真实耗水量预测为研究切入点，构建耗水量动态阈值预测方法体系。首先，针对未来某年或某月，根据气象变化强度（正常水平、弱变化和强变化），对引黄灌区的净灌溉需水量进行动态阈值预测；其次，根据灌区未来综合完备度分值，对非灌溉耗水量进行动态阈值预测；最后，净灌溉需水量与非灌溉耗水量预测值之和构成真实耗水量预测阈值，据此提出灌区进行有效耗水管理的优化配置方案。

1.3.2　研究目标

（1）探索气象条件变化与净灌溉需水量之间的作用机理和响应机制，确定不同尺度、不同作物，气象因子变化幅度与灌区净灌溉需水量之间的应激变化过程及对应量化关系。

（2）基于灌区用水流向跟踪法，识别耗水因子，明确灌区各耗水环节真实耗水量的测定或定量计算方法，构建灌区综合完备度评价指标体系和评价标准，揭示引黄灌区的净灌溉需水量、真实耗水量、实际引水量三者之间的对应变化规律。

（3）建立基于不同气象条件变化幅度下，引黄灌区净灌溉需水量动态阈值预测方法，构建灌区未来综合完备度分值计算模型，对非灌溉耗水量进行动态阈值预测，并提出灌区进行有效耗水管理的优化配置方法。

1.4　特色与创新

1.4.1　主要特色

1.4.1.1　充分考虑了气象条件变化对灌区净灌溉需水量的影响

随着全球气候变暖，极端天气发生的概率也在不断增加，气象条件变化对灌区净灌溉需水量的影响也愈来愈显著，因此本书以气象条件变化为切入点，深入分析和研究气象对灌区净灌溉需水量的影响，从而解决两个关键问题：一是能够充分应对现在频繁发生的极端气候变化，如干旱、内涝对灌区农业灌溉和作物产量的影响，从而有效地规避损失和风险；二是能够把有限的黄河水资源在灌区内进行充分、有效、真实的利用，为地方经济的发展奠定宝贵的资源基础。

1.4.1.2　注重“以需定供、以耗定供”水资源管理模式的实际可操作性

目前引黄灌区的水资源管理和利用模式大部分是以粗放的漫灌为主，灌溉水有效利用系数和水资源利用效率较低，本书的研究不仅从理论上解决灌区的净灌溉需水量、真实耗水量确定的关键问题，而且也注重“以需定供、以耗定供”原则在灌区的实际可操作性，从而实现引黄灌区能够真正达到提高灌区用水有效利用系数和水资源利用效率的目的，也为扎实而有效地实施最严格的水资源管理，达到“三条红线”的要求提供可行的技术路径。

1.4.2　主要创新

1.4.2.1　开拓了引黄灌区水资源利用新的研究视角

引黄灌区一直以来是按配水定额和灌溉定额进行引水、配水、灌溉的，这种做法存在以下弊端：一方面没有考虑不同气象条件变化对净灌溉需水量的影响；另一方面引水量与实际需水量不匹配，会造成水资源的浪费或是短缺。因此，本书的研究充分考虑气象条件变化对灌区净灌溉需水量、真实耗水量的影响，理清两者的内在响应机制和变化规律，拓展了引黄灌区水资源利用的研究视角，同时也为我国缺水地区的灌区水资源高效利用和管理寻找到了一条新的思路。

1.4.2.2　构建了解决引黄灌区“以需定供、以耗定供”关键技术问题的方法体系

引黄灌区实施“以需定供、以耗定供”，关键问题是需要知道“需水量”“耗水量”究竟是多少，如何确定。利用构建的气象因子与净灌溉需水量之间

的响应机制和量化关系，建立净灌溉需水量计算模型；基于用水流向跟踪法，确定灌区的实际耗水因子和计算方法；基于灌区综合完备度评价指标体系，对灌区真实耗水量进行动态阈值预测。以上的研究思路和可行的技术路线构成了完整的方法体系，从而为实现引黄灌区“以需定供、以耗定供”用水方式的新突破提供技术支持和保障。

1.5 研究技术路线

本书研究技术路线如图 1.1 所示。

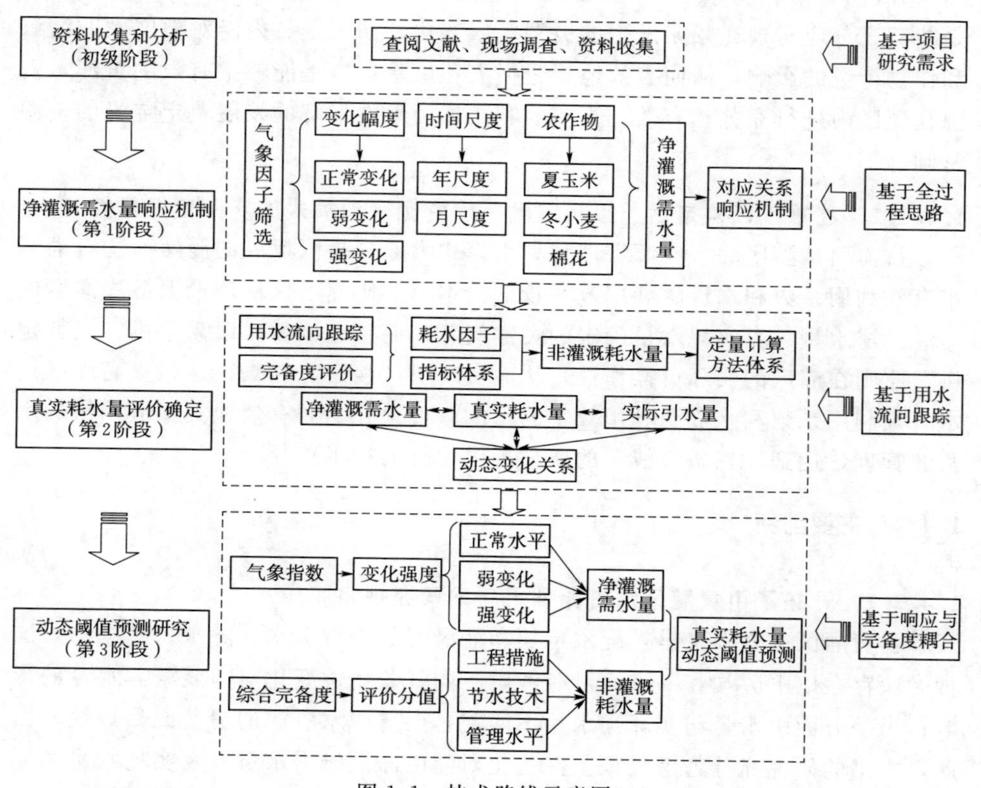

图 1.1　技术路线示意图

第2章

三义寨引黄灌区基本情况

2.1 自然地理概况

2.1.1 地理位置

灌区境内河流以黄河故道南大堤为分水岭，故道以南属淮河洪泽湖水系，黄河故道属南四湖水系。

淮河水系一、二级支流有惠济河、大沙河、古宋河、包河、响河、虬龙沟等19条河流。南四湖水系有黄蔡河、贺李河、杨河、小堤河、四明河等河流。

目前，灌区有总干渠1条，干渠10余条，还有黄河故道平原水库5座，兰考东方红提灌站1座，流量为10m^3/s。1992年，河南省计划委员会批复对三义寨引黄灌区进行重新改造，要求建设新三义寨引黄灌溉工程，总干渠流量为107m^3/s，灌区包括开封、商丘两个地区的9个县区，总土地面积为43.44万hm^2，灌溉面积为22.67万hm^2。

三义寨引黄灌区灌溉工程经过多年的反复演变，目前，已经形成了三片独立的灌区，包括兰考东方红提水灌区、三义寨开封灌区和新三义寨商丘灌区。新三义寨引黄灌溉工程西起兰考县三义寨引黄闸，东至民权县部队农场桥，涉及工程项目包括：①渠道护砌工程总长31.17km，包括总干渠0.75km、商丘总干渠16.29km、东分干渠8.28km、兰考干渠5.85km；②沉沙条渠工程总长8.96km（其中条渠长7km，退水渠长1.96km）；③新建各种渠道建筑物共82座（其中分水枢纽工程2座，支渠分水闸8座，公路桥2座，渠道生产桥20座，跨渠人行桥1座，跨沉沙条渠生产桥4座，排水入渠涵洞29座，排水入渠口6处，坝窝闸以下桥梁10座）。工程实施后，设计流量为107m^3/s，年引水量可达9.6亿m^3，其中向商丘供水6.5亿m^3。正常灌区面积7.893万hm^2，包括开封4.46万hm^2，商丘3.433万hm^2；补灌面积16.98万hm^2，包括开封3.913万hm^2，商丘13.067万hm^2；总灌溉面积达24.874万hm^2。工程通水以后，有效地缓解了灌区当地水资源的供需矛盾。

三义寨的三片灌区，在配水上都采用正常灌溉与补源灌溉相结合、自流灌溉与提水灌溉相结合、井灌与渠灌相结合的方式，在泥沙处理上各灌区根据自身的具体情况采用了不同的形式。东方红灌区和开封灌区采用分散沉沙、分散处理，不设沉沙池，泥沙分别沉积在各级渠系和田间，通过每年清淤保证工程的正常运行。三义寨商丘灌区，由于地势、行政区划及灌区配水结构等原因，在泥沙处理上，采用长距离输送、集中沉沙的方式，通过每年集中清淤来确保渠道引水畅通。

商丘干渠试通水后，三义寨管理分局进行了水沙观测。1994—1996 年三年间共输水 3.85 亿 m^3，输沙 355 万 t，平均输水含沙量 9.22kg/m^3。1995—1996 年对渠道和沉沙池进行了清淤，总量为 269 万 m^3，加上施工时渠道开挖土方 886 万 m^3，商丘干渠两侧共堆积泥沙 1155 万 m^3，其中商丘总干渠 250 万 m^3，东分干渠及沉沙条渠 905 万 m^3。由于泥沙堆积空间有限，在年引水量远未达到设计引水量的情况下，运行 4 年后，清淤泥沙已占据 60%左右的空间，剩余空间形势不容乐观。

目前，沉沙区泥沙堆放形成了人工高地，因缺乏有效的保护措施，给周边环境及当地群众生活带来了诸多不便，造成了一定的经济损失，加上处理措施不当，清淤得不到当地的配合，工作阻力大，尤其是商丘灌区，泥沙问题非常严重。

2.1.2　地形地貌

三义寨引黄灌区位于黄淮海平原的西南部地区，地形地貌从成因上可分为三种类型。

(1) 废黄河高滩地：废黄河滩地位于灌区北部，故道以北，历史上黄河挟带大量泥沙历经多年沉积而形成，西高东低，高程 70～52m，平均地面坡降 1/7500。该区为正常灌区，土壤以砂土和砂壤土为主。

(2) 废黄河背河洼地：位于废黄河故道南大堤南侧，呈东西方向条带状分布，西高东低，高程 46～64m，平均地面坡降 1/7000。灌溉面积不足灌区可灌溉总面积的 10%，主要由砂土和砂壤土组成。

(3) 河间低平地：在废黄河背河洼地以南是黄河泥沙冲积和受惠济河、浍河等河流分割而逐渐形成的河间低平洼地。地势低平，由西北向东南微倾，高程 30～64m，平均坡度为 1/5000 左右。该区灌溉面积占灌区耕地面积的 70%左右，以补源灌溉为主，土壤主要是砂壤土和中壤土。

2.1.3　气象水文

三义寨引黄灌区地处豫东地区，属暖温带半干旱半湿润大陆性季风型气候，气温、风向、日照、降水及蒸发在年内随季节变化而变化，四季分明，冬季气候干燥寒冷，夏季潮湿，雨量集中。灌区热量资源比较丰富，多年平均气

温为14.2℃，年内变化较大，1月平均−0.7℃，7月平均27.5℃；无霜期213～230天，初霜期一般在10月30日前后，终霜期在3月30日前后，光能资源充足，多年平均日照时数为2391.6h，日照率为54.6%。

灌区内多年平均年降水量为680mm，年最大降水量达1051.3mm，年最小降水量为318mm，降水量年内分配不均，60%～70%降水发生在7—9月三个月。年际间降水量变化大，丰水年和枯水年年降水量相差3倍左右。年平均蒸发量1150.88mm，为降雨量的1.69倍，春季干旱指数为2.3～2.62。

灌区内干旱、洪涝、风沙、雹霜和盐碱等自然灾害时有发生，旱灾以初夏出现概率最大，春季次之，秋旱、伏旱亦有发生。涝灾多发生在汛期，来势迅猛，且危害严重。旱涝灾害仍为区内主要灾害，也是制约该区工农业生产和影响人民生活的主要因素。

2.1.4 土壤分布

根据1990年1∶10万包气带岩性图，灌区土壤主要分为粉细砂（Ⅰ类）、轻粉质壤土及粉质砂壤土（Ⅱ类）和中重粉质壤土部分夹粉质壤土（Ⅲ类）三类。

Ⅰ类土主要分布于兰考县城以南，兰杞干渠以东、商丘干渠沉沙池两岸、商丘干渠北侧和大沙河两岸，约占总面积的12%。Ⅱ类土分为3片，约占总面积的72%：第1片分布在兰杞干渠以南杜庄河、崔林河两岸；第2片分布在兰考干渠和北沙河南干两侧；第3片分布在故道两侧。Ⅲ类土呈局部零星分布，约占总面积的16%。土壤颗粒总的趋势，西北部较粗，以沙土为主，向东南逐渐变细，以Ⅱ、Ⅲ类土为主。

从分区来看，灌区内开封区土壤为第四系黄河冲积物，沉积物比较复杂，成土母质主要为黄土，富含石英质，微显碱性，pH值7～8。沉积层多为砂黏相间的组合体，2～3m深以内土壤质地以轻砂壤土为主，大部分地区有10～15cm厚黏土夹层，据开封惠北试验站1987年试验资料，耕种层土壤含盐量一般为0.05～0.6g/100g土，盐分组成以氯化物和硫酸盐为主。商丘区为黄淮平原冲积潮土，主要由黄河历代泛滥沉积物质构成。经大水多次分选、沉积，形成土层深厚、次第分明、沉积物比较复杂的各类土壤。成土母质主要为黄土，富含石灰质，微呈碱性。分布规律离泛滥主道近者沙土多，远者淤土多；两合土分布其间。西北部土壤颗粒较粗，以砂土为主，向东南逐渐变细，转为两合土、淤土。故道南背河洼地径流迟缓，潜水蒸发强烈，土壤为盐渍化潮土。

2.1.5 水文地质

灌区的水文地质情况主要是：包气带以下主要含水层为中细砂和粉细砂

层。地下水类型属孔隙潜水，其主要来源为大气降水和黄河侧渗补给地下水，流向与地面坡度方向一致，水力坡降为 1/4000～1/6000。地下水质较好，除陇海铁路两侧及黄河故道部分地区矿化度较高外，其余地区均适宜饮用和灌溉。由于工农业的发展，用水量成倍增长，地下水位有逐年下降的趋势。据 1991 年汛前、汛后调查资料，大部分地区的地下水埋深已降到 4～6m、6～8m，埋深为 2～4m 地区甚少。

2.2　水利工程情况

灌区内的水利工程目前主要有蓄水工程、引水工程、面上配套工程、井灌工程。其中蓄水工程以 5 座沿黄河故道串联的平原水库为主，面上主要河道建有拦水闸，总蓄水量达到 1.4 亿 m^3 左右，5 座水库库容为 1.13 亿 m^3，通过拦蓄降雨径流和调蓄引黄水量，用以灌溉、防洪和养殖。河道拦水闸拦蓄水量 0.27 亿 m^3 左右，通过拦蓄径流和引水用以提灌和补源。面上配套工程在布局上采用灌排合一的方式。引水渠道和主要河道及排水沟，相互贯通形成输水网络。灌区已经配套面积 11.88 万 hm^2，占设计总灌溉面积的 72%，其中正常灌区配套 2.7 万 hm^2，占 79%，补源区配套 9.153 万 hm^2，占 70%。灌区现有机井多于 42000 眼，已经配套超过 39900 眼，平均每眼控制面积约为 4.13hm^2。

灌区配水全部采用引提结合方式进行。正常灌区采用一级提灌或二级提灌，补源灌区全部采用一级提灌方式。在配水制度上，灌溉时期优先保证正常灌区用水，多余的水供补源灌区直接提灌，在非灌溉期进行补源。引黄水首先进入水库，再经各级渠系流进田间或入渗补给地下水，引黄用水主要供农业灌溉使用，少量补给地下水供城乡生活及工业使用。

2.3　社会经济情况

三义寨引黄灌区，在开封市境内辖开封、兰考、杞县 3 个县，在商丘市境内辖民权、宁陵、睢县、虞城、梁园区、睢阳区 6 个县（区），包括 87 个乡（镇），1765 个行政村，耕地面积 405.01 万亩，总人口为 303.81 万人，其中农业人口为 265.62 万人，占总人口的 87.4%，平均人口密度为 669 人/km^2，总劳动力为 130.03 万人。农业人口人均耕地 1.53 亩，牲畜总数 192.95 万头，其中大牲畜 34.73 万头、猪 69.35 万头、羊 88.87 万头。土地利用率约为 60%。种植作物主要以冬小麦、夏玉米、棉花为主，分别占灌区总耕地面积比例约为 82%、70%、20%，灌区复种指数为 1.72。

灌区交通便利，有着良好的内外交通条件。对外交通有铁路、公路，四通八达。铁路有京九线与陇海线相交的十字形铁路线。公路有310国道、105国道、106国道以及市—县、县—县、县—乡、乡—乡的长短途运输网。

2.4 目前灌区存在的问题

三义寨引黄灌区经过多年的开发建设，整个灌区在抗旱灌溉中发挥了显著效益，但远远没有达到设计灌溉效益。主要有以下几个方面原因：

(1) 1958年三义寨引黄灌区建设是在大跃进时期“左”的形势下建成的。建成后大水漫灌，造成大批土地次生盐碱化，灌区被迫停灌，渠系配套的建筑物因停灌而废弃或损坏，1974年以后逐渐恢复灌溉，只是在局部范围内灌溉，大量干支渠被废弃，工程运行不正常，造成灌溉效益不能发挥。

(2) 三义寨引黄灌区属分级管理，采用专管与群管相结合的管理模式。虽经2008年水管体制改革，确定了单位性质问题，解决了部分维修养护费用，但群管队伍建设仍相对滞后，灌区良性运行机制还未形成。

(3) 灌区渠系及建筑配套差，田间工程配套不完善。1992年实施新三义寨引黄总干渠建设，1994年建成通水，水源及引水设施有了保证。1998年三义寨引黄灌区续建配套与节水改造项目相继开始，对渠道骨干工程进行了改造，但末级渠系工程配套不到位，部分影响了灌区整体效益发挥。

(4) 灌溉技术落后，田间工程配套差。灌区灌溉方式多采用传统灌溉方式，土地不平整，大水漫灌，水量浪费严重。通过推广节水灌溉技术，采取工程措施，提高灌水利用系数有巨大的潜力。

(5) 我国是个缺水的国家，人均淡水资源占有量不及世界人均数的1/4。根据2006年水利部公报显示，全国669个城市中，有400多个城市存在供水不足问题，比较严重的缺水城市达110个，还有数千万人需要解决饮用水问题。但人们并没有因为水资源的短缺而倍加爱惜它，我国水资源浪费问题相当严重。据国家权威部门发布的数据，我国的万元工业产值耗水量是发达国家的10～20倍，每千克粮食的耗水量是发达国家的2～3倍。北方地区地下水资源补给量的薄弱与对地下水资源的不合理开发和过度浪费，就好像是把一个水池的上下水管同时打开，人们等在旁边猜测：什么时候水才会入不敷出？正是由于我国水资源紧缺，目前三义寨引黄灌区同样存在缺水问题，引水补源问题也非常值得研究，如引黄补源能带来多大效益，能为缓解和补充地下水起到哪些有利作用，等等。

第3章

灌区真实耗水量相关概念及计算

3.1 灌区真实耗水量的相关概念

开展灌区真实耗水量的相关研究，首先需要理清和明确灌区真实耗水量及其相关的系列概念和构成。

3.1.1 灌区耗水总量

不同的专家和学者对灌区耗水量有着不同的理解和定义。针对引黄灌区的用水特点和地理位置等具体情况，引黄灌区耗水量是指在灌区范围内，引用的黄河水、灌区的土壤水、抽取的地下水、灌区范围的降水等，在引水、输水、灌溉、排水的整个过程中，通过蒸腾蒸发、土壤吸收、产品带走、居民生活、工业生产等途径消耗掉且不能回到地表水体或补充地下水的总量。这个概念明确了用水区域范围、水量构成、用水过程、消耗途径等要素。引黄灌区耗水量是每年实际发生的水量值。

3.1.2 灌溉用水总量

灌区灌溉用水总量是指全年用于农田灌溉的总水量，而非其他如计收水费等项目的收费计量水量数值。当灌区中有其他水源（塘坝或水库），在统计灌区灌溉用水总量时，应考虑将其供水量加进来。当灌区采用井渠双灌时，井灌区和渠灌区无法明确区分，则将灌溉系统作为一个整体，分别统计井灌和渠灌供水量，以两者之和作为灌区总的灌溉用水总量。

3.1.3 非灌溉用水总量

非灌溉耗水量是指灌区范围内扣除灌溉作物所需要的水量之外其他的耗水量。它是灌区在引水、输水、灌溉、排水的整个过程中，扣除净灌溉需水量之后，通过蒸腾蒸发、渗漏、产品带走、居民生活、工业生产等途径消耗掉且不能回到地表水体或补充地下水的水量。非灌溉耗水量是每年实际发生的损耗水量值。

3.1.4　作物需水量

作物需水量是指灌区不同品种的作物需水量的总和，与主要作物品种有关。主要采用国内 Penman - Monteith 修正公式来计算参考作物腾发量，然后结合灌区主要作物的作物系数，计算出作物需水量。作物需水量是由 Penman - Monteith 公式计算出的理论值。

3.1.5　净灌溉用水量

净灌溉用水量是指灌区范围内灌溉作物所需要的总水量，由灌区灌溉面积、土壤、水文地质、气象条件以及作物品种、种植比例、作物需水量、灌区设施配套情况、灌区管理水平共同决定的。

3.1.6　引黄渠灌净需水量

灌区引黄渠灌净需水量是指净灌溉需水量扣除地下水灌溉量、井灌水量之后，只通过引黄渠道系统进行灌溉的需水量。引黄渠灌净需水量是推算出的理论值。

3.1.7　灌溉真实耗水量

灌溉真实耗水量是指灌区范围内，从引水口到农田之间消耗掉的而没有被作物利用的水量，包括渠灌耗水量和井灌耗水量两部分，由蒸发、下渗、漏水等耗水量构成。

灌区总耗水量构成及各种水量的关系如图 3.1 所示。

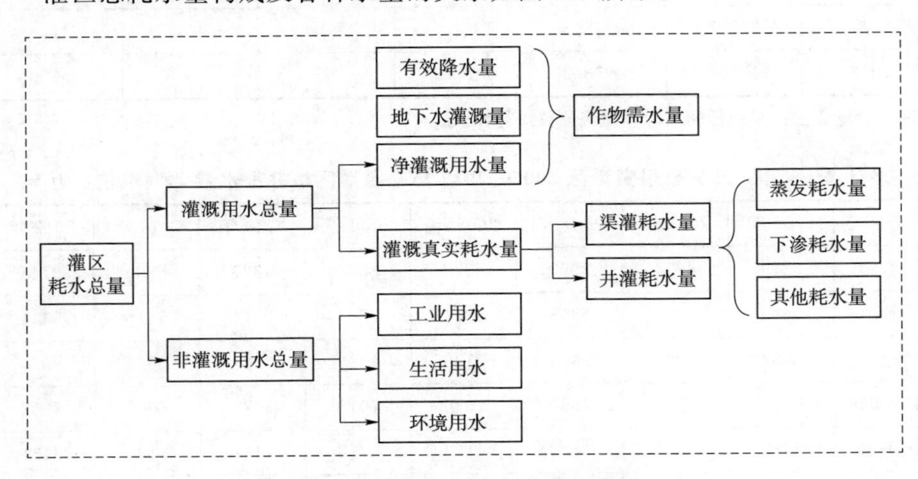

图 3.1　灌区总耗水量构成示意图

3.2　三义寨引黄灌区真实耗水量的计算

3.2.1　灌区耗水量确定

引黄灌区耗水量就是灌区的渠道引黄水量与机井提水量之和。

三义寨引黄灌区灌溉工程经过多年的反复演变，目前，已经形成了三片独立的灌区，包括兰考东方红提水灌区、三义寨开封灌区和新三义寨商丘灌区。三片灌区在配水上都采用正常灌溉与补源灌溉相结合、自流灌溉与提水灌溉相结合、井灌与渠灌相结合的方式。三义寨引黄灌区 2005—2012 年引黄水量见表 3.1，补源灌区机井提水量见表 3.2。三义寨引黄灌区 2005—2012 年总耗水量见表 3.3。

表 3.1　三义寨引黄灌区 2005—2012 年引黄水量统计　单位：万 m^3

年份	总干渠	农业用水	非农业用水			
			合计	环境用水	工业用水	生活用水
2005	13803	13803	—	—	未运行	未运行
2006	18696	18696	—	—	未运行	未运行
2007	13323	13042.89	280.11	—	未运行	280.11
2008	12260	11216.1	1043.9	—	351.6	692.3
2009	26372	24937.2	1434.8	—	843.9	590.9
2010	33981	32641.3	1339.7	—	800.3	539.4
2011	37597	36245.5	1351.5	—	740.2	611.3
2012	40160	38973.3	1186.7	—	625.8	560.9

注　计量方法：采用桥测或缆测用流速仪进行计量。

表 3.2　三义寨引黄灌区 2005—2012 年补源灌区机井提水量　单位：万 m^3

分区	2005 年	2006 年	2007 年	2008 年	2009 年	2010 年	2011 年	2012 年
民权县	8279	8334	8950	8972	8850	4898	8805	8745
睢县	5600	5597	5615	5344	5504	2374	5418	5344
宁陵县	8652	8681	8034	7138	7286	3127	8094	9094
商丘市区	5976	5525	6560	7076	7013	3022	6002	7002
虞城县	3387	3600	3800	4152	3788	1147	3131	3131
开封县	0	0	0	0	0	0	0	0

续表

分区	2005 年	2006 年	2007 年	2008 年	2009 年	2010 年	2011 年	2012 年
兰考县	5324	5582	6783	6516	6953	2892	6402	7407
杞县	0	0	0	855	963	0	896	931
总计	37218	37319	39742	40053	40357	17460	38748	41654

表 3.3　　三义寨引黄灌区 2005—2012 年总耗水量计算　　单位：万 m^3

年　份	2005	2006	2007	2008	2009	2010	2011	2012
干渠引黄水量	13803	18696	13323	12260	26372	33981	37597	40160
机井提水量	37218	37319	39742	40053	40357	17460	38748	41654
总耗水量	51021	56015	53065	52313	66729	51441	76345	81814

3.2.2　灌溉用水总量确定

灌区灌溉用水总量一般情况是根据灌区从水源地实际取水测量统计取得，全年用于农田灌溉的总水量，而非其他如计收水费等项目的收费计量水量数值。当灌区中有其他水源（塘坝或水库），在统计灌区毛灌溉用水总量时，应考虑将其供水量加进来，当灌区采用井渠双灌，井灌区和渠灌区无法明确区分，则将灌溉系统作为一个整体，分别统计井灌和渠灌供水量，以两者之和作为灌区总的灌溉用水总量。当井灌区和渠灌区相对独立时，应分别计算灌溉用水总量。三义寨引黄灌区 2005—2012 年灌溉用水总量见表 3.4。

表 3.4　　三义寨引黄灌区 2005—2012 年灌区灌溉用水总量计算　　单位：万 m^3

年　份	2005	2006	2007	2008	2009	2010	2011	2012
农业引黄水量	13803	18696	13042.89	11216.1	24937.2	24641.3	36245.5	38973.3
机井提水量	37218	37319	39742	40053	40357	17460	38748	41654
灌溉用水总量	51021	56015	52785	51269	65294	50101	74994	80627

3.2.3　作物需水量计算

作物需水量是指作物在适宜的土壤水分和肥力水平下，经过正常生长发育，获得高产时的植株蒸腾、株间蒸发以及构成植株体的水量之和。试验表明，构成植株体的水量不足作物根系吸入体内水量的 1%，通常在作物需水量计算中不予考虑，因此对于旱地而言，实际作物需水量是指植株蒸腾和株间蒸发之和，也称为腾发量或蒸散发量，即 ET_c。

对于采用“浅、薄、湿、晒”等水稻灌溉制度的区域，可根据灌溉用水代表年水稻灌溉设计的净灌溉定额作为亩均灌溉用水量，以此推算灌区净灌溉用水总量。有观测资料的灌区可以根据实际观测值计算净灌溉用水总量，或者采用相近灌区试验站的相关灌溉试验资料进行估算。

本书采用参考作物法，以三义寨引黄灌区内惠北试验站观测的气象资料计算参考作物蒸发蒸腾量 ET_0。ET_0 乘以作物系数 K_c 得到实际作物蒸发蒸腾量 ET_c。

这种方法是以高度一致、生长旺盛、完全覆盖地面而不缺水的绿色草地（8～15cm）的蒸发蒸腾量作为计算各种具体作物需水量的参照。使用这一方法时，首先是计算参考作物的需水量（ET_0），然后利用作物系数（K_c）进行修正，最终得到某种具体作物的需水量。这类方法计算某一作物各生育阶段需水量的模式可用下式表达：

$$ET_{ci}=K_{ci}\times ET_{0i} \tag{3.1}$$

式中　ET_{ci}——第 i 阶段的实际作物蒸发蒸腾量，mm；

K_{ci}——第 i 阶段的作物系数；

ET_{0i}——第 i 阶段的参考作物需水量，mm。

参考作物需水量（ET_0）采用 Penman - Monteith 公式计算。

$$ET_0=\frac{0.408\cdot\Delta\cdot(Rn-G)+\gamma\cdot\dfrac{900}{T+273}\cdot u_2(e_a-e_d)}{\Delta+\gamma(1+0.34u_2)} \tag{3.2}$$

式中　ET_0——参考作物蒸发蒸腾量，mm/d；

Δ——平均气温时饱和水汽压随温度的变率；

Rn——净辐射量，MJ/(m^2 · d)；

G——土壤热通量，MJ/(m^2 · d)；

γ——温度表常数，kPa/℃；

T——平均温度，℃；

u_2——2m 高处风速，m/s；

e_a——饱和水汽压，kPa；

e_d——实际水汽压，kPa。

本书在计算作物需水量时统一应用参考作物法。通过上面的分析，对于参考作物需水量 ET_0 和作物系数 K_c 采用灌区试验测定的数值。对于个别缺乏资料的地区，移用与其条件相似地区的资料。

由于灌区缺少相应的气象监测设施，本书直接采用了惠北水利科学试验站的长序列试验监测数据进行计算。惠北水利科学试验站成立于 1958 年，拥有约 74.17km^2 的试验区，其中耕地面积 8.4 万亩，试验区位于开封县东部，陇

海铁路线南部，柏慈沟、六支排以北，淤泥河以西，惠北泄水渠以东地区，隶属于淮河水系惠济河流域。受大陆性季风气候影响，试验区四季分明，属于半湿润半干旱气候带，多年平均气温为14.1℃，多年平均降雨量为626.7mm，其中7—9月降水量约占全年的70%，冬春季多风少雨，气候干燥，全年中3—8月为相对集中的蒸发期，蒸发量占到全年蒸发量的69%，多年平均水面年蒸发量1350mm，多年平均年日照时数为2267.6h，光温资源丰富，无霜期210～240天。试验区位于黄河冲积河间低平地块，地势平坦，由西北向东南微斜，地面高程63.20～69.20m，平均地面坡降1/3000～1/4000。土壤母质为黄河冲积物，土层厚度为300～400m，属于第四系全新统地层。气候和土壤质地与三义寨引黄灌区有较大的相似性，资料对于三义寨引黄灌区来说，代表性较好，可以直接用于计算三义寨引黄灌区的作物蒸散量和作物需水量。

由于作物类型和土壤水分状况与参照作物有所不同，因而作物实际蒸发蒸腾量和参考作物蒸发蒸腾量有较大的差异。通常把某一时段作物实际蒸发蒸腾量（ET_c）和参考作物蒸发蒸腾量（ET_0）之比称为作物系数，即K_c值。

作物系数反映了作物和参考作物之间需水量的差异，体现了作物本身的生物学特性，主要取决于作物冠层的生长发育。作物系数K_c主要反映了作物高度、作物-土壤表面的反射率、冠层阻力、土壤蒸发等因素的影响，但在同一产量水平年下，不同水文年份的作物系数是相对稳定的。

作物系数的确定可用一个综合系数来反映，也可以使用两个系数来分别描述蒸发和蒸腾的影响，也就是所谓的单作物系数法和双作物系数法。具体公式如下：

单作物系数法
$$ET_c = K_c ET_0 \tag{3.3}$$

双作物系数法
$$ET_c = (K_{cb} + K_e) ET_0 \tag{3.4}$$

式中　K_{cb}——基础作物系数；

K_e——土壤蒸发系数。

由于单作物系数法计算相对比较简单，在实际作物需水量的计算和预报中应用更为广泛，因此，本书采用单作物系数法进行计算。

根据三义寨引黄灌区节水规划报告中的资料，整理灌区冬小麦、棉花、夏玉米三种作物的作物系数，见表3.5。

参照三义寨引黄灌区节水规划报告可知，现状及规划年三义寨引黄灌区作物种植结构和比例见表3.6。由于其他经济作物种植面积相对较小，且缺乏经济作物的相关资料，本研究在计算作物需水量时，仅考虑了灌区近年来的主要种植作物，即冬小麦、棉花和夏玉米，其他作物暂且不予考虑。

表 3.5　　三义寨引黄灌区主要作物作物系数（K_c）值表

冬小麦		棉花		夏玉米	
时间	K_c	时间	K_c	时间	K_c
10月中旬	0.35	4月上旬	0.18	6月中旬	0.38
10月下旬	0.7	4月中旬	0.2	6月下旬	0.46
11月上旬	0.75	4月下旬	0.22	7月上旬	0.63
11月中旬	0.75	5月上旬	0.24	7月中旬	0.84
11月下旬	0.4	5月中旬	0.28	7月下旬	1.03
12月上旬	0.4	5月下旬	0.35	8月上旬	1.1
12月中旬	0.4	6月上旬	0.4	8月中旬	1.06
12月下旬	0.4	6月中旬	0.48	8月下旬	0.95
1月上旬	0.4	6月下旬	0.57	9月上旬	0.83
1月中旬	0.4	7月上旬	0.71	9月中旬	0.67
1月下旬	0.4	7月中旬	0.8		
2月上旬	0.4	7月下旬	0.87		
2月中旬	0.4	8月上旬	0.9		
2月下旬	0.89	8月中旬	0.9		
3月上旬	0.89	8月下旬	0.9		
3月中旬	1	9月上旬	0.85		
3月下旬	1	9月中旬	0.81		
4月上旬	1	9月下旬	0.74		
4月中旬	1.02	10月上旬	0.68		
4月下旬	1.04	10月中旬	0.6		
5月上旬	0.95	10月下旬	0.52		
5月中旬	0.84				
5月下旬	0.62				
共23旬　235天		共21旬　214天		共10旬　102天	

表 3.6　　三义寨引黄灌区作物种植结构表　　%

年份	冬小麦	夏玉米	棉花	其他经济作物	合计
1999	76	60	25	7	168
2009	82	70	20	5	177
2020	75	70	20	20	185

利用国内 Penman - Monteith 修正公式与作物系数计算三义寨引黄灌区主要作物不同水平年全生育期的需水量。因主要作物年际间种植结构变化不大，故 2000—2008 年采用表 3.6 中 1999 年种植结构比例数据，2009—2014 年采

用表3.6中2009年种植结构比例数据，对三种主要作物全生育期需水量加权平均，作为灌区单位面积作物年需水量参考值，见表3.7。

表3.7　　三义寨引黄灌区主要作物全生育期需水量

年份	冬小麦	棉花	夏玉米	作物需水量/mm
2000	469	437	344	673
2001	549	440	353	739
2002	491	454	357	701
2003	454	312	246	571
2004	556	384	267	679
2005	475	339	283	615
2006	533	422	266	670
2007	474	352	209	574
2008	455	362	281	605
2009	464	430	325	644
2010	540	399	272	713
2011	396	384	277	614
2012	457	450	323	665
2013	452	486	398	746
2014	401	396	299	617

3.2.4　有效降水量计算

有效降水的计算方法有很多，本研究为了计算的方便，首先确定有效降水的系数，通过系数计算有效降水量更为简单直接。而有效降水系数的确定，受到很多因素的影响，可在物理机制影响上综合分析其影响因素，结合灌区以往的降水资料，确定更适应于灌区的有效降水系数。

目前我国已经形成了一套适用于我国不同降水量级的有效降水系数，见表3.8。

表3.8　　经验有效降水系数

降水量/mm	＜5	5～50	50～150	＞150
经验有效降水系数 a	0	1.0	0.8	0.70

这些经验有效降水系数在华北地区得以运用，并取得了较好的效果。河南省虽然属于华中地区，但与华北地区紧邻，皆受季风气候影响，四季分明，气候条件等具有一定的相似性。同时惠北灌区试验站试验结果（表3.9）也表明，该试验系数基本可反映三义寨引黄灌区有效降水量，因此，在计算豫东地区三义寨引黄灌区有效降水量时，可以直接借用该有效降水系数。

表 3.9　　惠北站 2000—2012 年降水量及有效降水量计算表

年份	降水量/mm	有效降水量/mm	年份	降水量/mm	有效降水量/mm
2000	606.8	425	2007	685.1	480
2001	435.95	305	2008	519.2	363
2002	570.25	399	2009	498.4	349
2003	832.6	583	2010	717.5	485
2004	782.1	547	2011	592.2	415
2005	786.07	550	2012	492.5	345
2006	693.55	485			

3.2.5　地下水补给量计算

地下水补给量是地表土壤蒸发和作物蒸腾所消耗的土壤水分中来自于地下水（即潜水）的那部分水量。作物对地下水利用是客观存在的，由于研究和测定比较困难，国内外在这一方面的研究成果和实际观测资料等都比较少。但是，在制定灌溉制度和进行农业需水量计算或预测时，作物在整个生育期间对地下水的利用量却是不容忽视的。尤其是在地下水埋深比较浅的灌区，确定作物的灌溉需水量时更应该考虑作物对地下水的直接利用。所谓作物对地下水的直接利用量，是指地下水借助于土壤毛细管作用上升至作物根系吸水层而被作物直接吸收利用的地下水水量。作物在生育期内直接利用的地下水量与作物根系层深度、与地下水位埋深、作物根系发育等因素有关。

有关灌区作物的地下水补给量的计算方法目前主要基于潜水蒸发试验所得的经验公式。我国采用的潜水蒸发量计算的经验公式，从物理结构上看，都缺乏直接反映作物的影响机制，所以基本上都属于无作物条件下的经验公式。在一定的土壤质地和作物条件下，地下水利用量主要与埋深和大气蒸发力条件有关。因此，可采用如下简单公式确定，即

$$G = f(H_D) \cdot ET_c \tag{3.5}$$

式中　G——地下水利用量，mm 或 m^3/亩；

ET_c——相同时期内的作物需水量，mm；

$f(H_D)$ ——地下水利用系数，即地下水利用量占相同阶段作物需水量的百分数。

惠北试验站潜水蒸发场在 1984 年建成，1985 年开始正式观测并取得了一定的实测资料，1985 年和 1986 年两年的资料相对较为完整，为了便于将实测资料运用于生产作业，将 1985 年、1986 年两年中各月份及不同气温期潜水蒸发统计结果列于表 3.10 中，经整理分析，构建了相应的潜水蒸发公式：

表 3.10　潜水蒸发统计表

编号	土质	潜水埋深/m	月份 1	2	3	4	5	6	7	8	9	10	11	12	年均	轻砂壤均值	A期 3—8月	B期 9月至次年2月	A期/B期
1.20	轻壤	0.45	0.84	1.43	2.05	2.85	2.19	3.85	2.24	2.55	1.74	1.08	0.85	0.62	1.86	2.03	2.62	1.09	2.40
			0.64	0.84	1.00	0.81	0.60	0.81	0.51	0.66	0.63	0.52	0.57	0.62	0.68		0.73	0.64	1.14
3.40	砂壤		0.61	1.34	2.16	3.42	2.46	4.40	3.36	2.77	2.08	1.38	1.54	0.80	2.19	0.74	3.10	1.29	2.40
			0.53	0.81	1.00	0.93	0.69	0.90	0.76	2.71	0.74	0.68	0.99	0.80	0.80		0.83	0.76	1.09
5.60	轻壤	0.95	0.45	0.71	0.66	0.85	0.89	2.00	2.25	1.61	0.75	0.48	0.67	0.44	0.98	1.21	1.38	0.58	2.38
			0.50	0.54	0.39	0.26	0.26	0.42	0.52	0.45	0.26	0.23	0.46	0.45	0.40		0.38	0.41	0.93
7.80	砂壤		0.57	1.05	1.72	1.98	2.11	2.24	1.82	2.06	1.40	1.01	0.79	0.36	1.43	0.48	1.99	0.86	2.31
			0.57	0.78	0.90	0.60	0.60	0.48	0.42	0.52	0.47	0.48	0.54	0.37	0.56		1.59	0.54	1.09
9.10	轻壤	1.95	0.02	0.03	0.03	0.02	0.00	0.00	0.33	0.21	0.19	0.07	0.07	0.06	0.09	0.07	0.10	0.07	1.43
			0.04	0.04	0.02	0.01			0.08	0.06	0.07	0.06	0.10	0.06	0.05		0.03	0.06	0.50
11.12	砂壤		0.04	0.04	0.06	0.03	0.12	0.00	0.10	0.11	0.01	0.02	0.08	0.00	0.05	0.05	0.07	0.03	2.33
			0.07	0.06	0.08	0.01	0.06		0.04	0.06			0.11		0.04		0.04	0.04	1.00
13.14	轻壤	2.95								0.06	0.06	0.05	0.03	0.04	0.02	0.01	0.01	0.03	0.33
										0.03	0.03		0.04	0.07	0.02		0.01	0.02	0.25
15.16	砂壤															0.01			
日水面蒸发(*E*601)/mm	1985		0.81	1.33	1.45	3.37	2.70	4.76	4.27	3.29	2.46	1.63	1.57	0.93	2.38				
	1986		0.99	1.33	2.14	3.21	4.25	4.85	4.55	4.26	3.00	2.39	1.41	1.06	2.79				

分子：潜水日蒸发量（mm/d）；

分母：蒸发系数（=潜水蒸发量/水面蒸发量）；

表内数据为 1985 年及 1986 年资料均值；

A 期为 3—8 月（集中蒸发期），B 期为 9 月至次年 2 月（缓慢蒸发期）。

$$\varepsilon=\varepsilon_0\left(1-\frac{h}{2.804}\right)^{2.513} \tag{3.6}$$

式中　ε——潜水蒸发值，mm/d；

ε_0——水面蒸发值，mm/d；

h——潜水埋深值，m。

从表 3.10 可以看出，潜水蒸发量随着地下水埋深有所变化。埋深越浅，潜水蒸发及蒸发系数越大；反之，潜水蒸发量及蒸发系数就越小。一般情况下，在 2.804m 深处潜水蒸发趋于零。全年中 3—8 月为相对集中蒸发期，蒸发量较大。地下水埋深 1m 以内潜水蒸发量多在 2.0mm/d 以上，最高可达 4.4mm；在这段时间，平均月蒸发量多为其他时期（缓慢蒸发期）的 2 倍以上。而蒸发系数因时间的变化规律不是很明显，若从两种不同的土质上看，潜水埋深在 1m 以内，其蒸发值一般是砂壤土大于轻壤土，当埋深超过 1m 以后，表现则不明显。

三义寨引黄灌区包气带以下主要含水层为中细砂和粉细砂层，地下水类型属孔隙潜水，其主要来源由大气降水和黄河侧渗补给地下水。由于工农业的发展，用水量成倍增长，地下水位年内及年际变化均有动态变化。据 1991 年汛前、汛后调查资料，大部分地区的地下水埋深已降到 4～6m、6～8m，2～4m 地区甚少。考虑本灌区实际情况，地下水利用系数取 17%。

3.2.6　净灌溉用水量计算

作物需水量减去有效降水量及地下水利用量即为净灌溉用水量，净灌溉用水量乘以当年的实灌面积即为净灌溉用水量。

结合表 3.2～表 3.10，选取 2005—2012 年进行计算，结果见表 3.11。

表 3.11　　三义寨引黄灌区净灌溉用水量

年份	灌溉用水总量/万 m^3	作物需水量/mm	有效降水量/mm	地下水利用量/mm	实际灌溉面积/万亩	净灌溉用水量/万 m^3	灌溉水有效利用系数
2005	51021	615	330	105	80.17	9649	0.1891
2006	56015	670	355	114	85.00	11401	0.2035
2007	52785	574	332	98	144.87	13955	0.2644
2008	51269	605	363	103	230.18	21364	0.4167
2009	65294	644	349	109	223.50	27656	0.4236
2010	50101	713	482	121	223.50	16367	0.3267

续表

年份	灌溉用水总量/万 m^3	作物需水量/mm	有效降水量/mm	地下水利用量/mm	实际灌溉面积/万亩	净灌溉用水量/万 m^3	灌溉水有效利用系数
2011	74994	614	315	104	251.25	32615	0.4349
2012	80627	675	345	115	251.85	36159	0.4485

3.2.7　灌溉真实耗水量

灌溉真实耗水量是指灌区范围内，从引水口到农田之间消耗掉的而没有被作物利用的水量，计算结果见表3.12。2005—2012年三义寨引黄灌区灌溉耗水总量构成百分比如图3.2所示。

表3.12　三义寨引黄灌区灌溉真实耗水量计算表

年份	灌区总耗水量/万 m^3	灌溉用水总量/万 m^3	净灌溉用水量/万 m^3	灌溉真实耗水量/万 m^3	非灌溉耗水量/万 m^3
2005	51021	51021	9649	41372	—
2006	56015	56015	11401	44614	—
2007	53065	52785	13955	38830	280.11
2008	52313	51269	21364	29905	1043.9
2009	66729	65294	27656	37638	1434.8
2010	51441	50101	16367	33734	1339.7
2011	76345	74994	32615	42379	1351.5
2012	81814	80627	36159	44468	1186.7

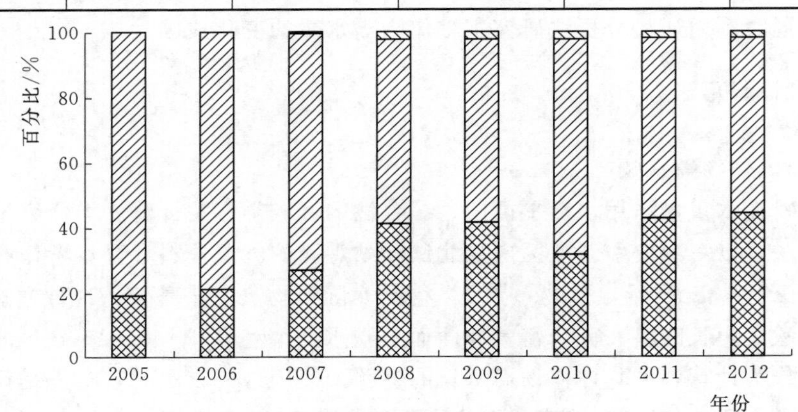

图3.2　2005—2012年三义寨引黄灌区灌溉耗水总量构成百分比

3.3　灌区主要作物需水量计算

根据惠北水利科学试验站 1999—2019 年逐日气象资料，计算三义寨引黄灌区冬小麦、夏玉米和棉花三种作物生育期的作物需水量、有效降水量和净灌溉需水量，分析三种作物的灌溉需求指数和水量年际变化趋势，为引黄灌区的水资源节约集约利用和高质量发展提供的数据基础和技术支撑。

3.3.1　数据来源

本书采用的气象数据来自河南省豫东水利工程管理局惠北水利科学试验站气象采集数据，试验站地理位置为东经 114°31′、北纬 34°46′，代表区域为河南省开封市柳园口引黄灌区，选取了该站点 1999—2019 年逐日地面气象观测资料，包括日降水量、日水面蒸发量、日平均气温、日最高气温、日最低气温、日空气相对湿度、日照时数、日平均风速等数据。

3.3.2　数据处理

基于惠北水利科学试验站气象站点 1999—2019 年逐日地面气象观测资料，采用 Microsoft Excel 软件完成数据预处理，根据 FAO - 56 标准 Penman - Monteith 公式和作物系数计算各站点逐日的参考作物蒸发蒸腾量及冬小麦和夏玉米、棉花需水量，得出净灌溉需水量和灌溉需求指数；利用 SPSS 软件的时间序列分析法，分析参考作物蒸发蒸腾量及主粮作物生育期需水量的年际变化趋势；借助 ArcGIS 10.2 软件的空间分析功能，绘制不同年代主粮作物的平均需水量空间分布图，研究需水量、净灌溉需水量和灌溉需求指数的空间分布规律；同时利用通径分析法研究主粮作物需水量的变化成因。

3.3.3　计算方法

3.3.3.1　作物需水量

作物需水量可采用水量平衡法、综合性的气候学方法计算。本研究采用参考作物法，以三义寨引黄灌区内惠北试验站观测的气象资料计算参考作物蒸发蒸腾量 ET_0。ET_0 乘以作物系数 K_c 得到实际作物蒸发蒸腾量。这种方法是以高度一致、生长旺盛、完全覆盖地面而不缺水的绿色草地（8～15cm）的蒸发蒸腾量作为计算各种具体作物需水量的参照。使用这一方法时，首先是计算参考作物需水量（ET_0），然后利用作物系数（K_c）进行修正，最终得到某种具体作物的需水量。计算公式如下：

$$ET_c = \sum ET_{ci} = K_{ci} \cdot ET_{0i} \tag{3.7}$$

式中 ET_c——作物全生育期的需水量，mm；

ET_{ci}——作物第 i 阶段的需水量，mm；

K_{ci}——第 i 阶段的作物系数；

ET_{0i}——第 i 阶段的参考作物蒸发蒸腾量，mm。

参考作物蒸发蒸腾量 ET_0 采用联合国世界粮农组织（FAO）推荐的 Penman - Monteith 公式为基础的修正式来计算。以能量平衡和水汽扩散论为基础，同时考虑作物的生理特征和空气动力学参数的变化，具有较充分的理论依据和较高的计算精度[57]。公式如下：

$$ET_0 = \frac{\frac{P_0}{p} \cdot \frac{\Delta}{r} R_n + E_a}{\frac{P_0}{p} \cdot \frac{\Delta}{r} + 1} \tag{3.8}$$

式中 P_0——标准大气压，$P_0 = 101.325\text{kPa}$；

p——计算地点平均气压，kPa；

Δ——平均气温时饱和水汽压随温度的变化率；

r——温度计常数，$r = 0.066\text{kPa/℃}$；

R_n——太阳净辐射，以所能蒸发的水层深度计，mm/d；

E_a——干燥力，mm/d。

计算地点的平均气压 P 计算公式如下：

$$P_0/P = 10^{\frac{H}{10400\left(1+\frac{t}{273}\right)}} \tag{3.9}$$

式中 H——计算地点海拔高程，m；

t——阶段平均气温，℃。

$$\begin{aligned} &\Delta = \frac{4683.11}{(273+t)^2} \cdot e_a \\ &e_a = 6.1 \times 10^{\frac{7.45t}{273+t}} \\ &R_n = 0.75 R_a \left(a + b\frac{n}{N}\right) - \sigma T_k^4 (0.56 - 0.079\sqrt{e_d}) \left(0.1 + 0.9\frac{n}{N}\right) \\ &e_d = f \cdot e_a / 100\% \end{aligned} \tag{3.10}$$

式中 R_a——大气顶层的太阳辐射值，mm/d；

e_a——饱和水汽压，hPa；

n——实际日照小时数，h/d；

N——最大可能日照时数，h/d；

σT_k^4——黑体辐射量，mm/d；

σ——斯蒂芬-博茨曼常数，可取 2×10^{-1}，mm/℃^{4}·d；

T_k——绝对温度，可取 $273+t$,℃；

e_d——实际水汽压，kPa；

a、b——计算净辐射的经验系数，$a=0.18$，$b=0.55$；

f——相对湿度,%。

$$E_a=0.26(1+B\mu_2)(e_a-e_d) \tag{3.11}$$

式中　μ_2——地面以上 2m 处的风速，其他高度的风速应换算为 2m 高处风速，m/s；

B——风速修正系数，在日最低气温平均值大于 5℃且日最高气温与日最低气温之差的平均值 $\Delta t>12$℃时，$B=0.7\Delta t-0.265$；其余条件下，$B=0.54$。

3.3.3.2　净灌溉需水量

作物的净灌溉需水量等于生育期内作物需水量与有效降水量之差[58]。其计算公式如下：

$$V_{IR}=ET_c-P_e \tag{3.12}$$

式中　V_{IR}——作物日净灌溉需水量，mm/d；

P_e——日有效降水量，mm/d。

3.3.3.3　年际变化倾向率计算

计算年际变化倾向率，首先将要素的趋势变化用线性方程表示，即

$$\hat{x}_t=a_0+a_1t(t=1,2,\cdots,n) \tag{3.13}$$

式中　$\hat{x}_t$——要素的拟合值；

t——年份序列号；

a_0——常数；

a_1——回归系数，也为倾向率，表示要素年际的变化率。

将冬小麦、夏玉米和棉花作物需水量、有效降水量或净灌溉需水量（x）的长期变化趋势采用线性回归方程分析，其公式为

$$\overline{X}=a_0+a_1t(t=1,2,\cdots,n) \tag{3.14}$$

其中
$$a_1=\mathrm{d}\overline{x_1}/\mathrm{d}t$$

式中　$\overline{X}$——线性回归的拟合值；

t——年份序列号；

a_0——常数；

a_1——回归系数，也为倾向率，当 a_1 为正或负时，表示要素在计算时段内线性增加或减弱。

3.3.4 作物需水量计算结果

经过对 1999—2019 年 21 年的数据进行计算，得出的冬小麦、夏玉米、棉花的作物需水量、有效降水量、净灌溉需水量见表 3.13～表 3.15。

表 3.13　　三义寨引黄灌区冬小麦全生育期逐月作物需水量　　单位：mm

年份	参数	10月	11月	12月	1月	2月	3月	4月	5月	合计
1999—2000	作物需水量	26.168	21.377	25.981	5.247	37.677	195.134	202.125	191.634	705.343
	有效降水量	68.000	25.000	0.000	17.000	0.000	0.000	5.000	32.000	147.000
	净灌溉需水量	0.000	0.000	26.000	0.000	37.700	195.100	197.100	159.600	615.500
2000—2001	作物需水量	8.648	27.751	10.308	15.500	11.516	178.762	133.900	143.722	530.107
	有效降水量	60.000	40.000	0.000	32.000	23.000	0.000	5.000	0.000	160.000
	净灌溉需水量	0.000	0.000	10.300	0.000	0.000	178.800	128.900	143.700	461.700
2001—2002	作物需水量	34.699	35.551	15.735	21.972	30.000	138.156	149.592	79.331	505.036
	有效降水量	33.000	0.000	37.000	22.000	0.000	29.000	26.000	11.000	158.000
	净灌溉需水量	1.700	35.600	0.000	0.000	30.000	109.200	123.600	68.300	368.400
2002—2003	作物需水量	18.486	48.314	4.439	13.968	21.572	111.809	89.320	87.586	395.494
	有效降水量	14.000	0.000	23.000	0.000	16.000	25.000	52.200	59.800	190.000
	净灌溉需水量	4.500	48.300	0.000	14.000	5.600	86.800	37.100	27.800	224.100
2003—2004	作物需水量	39.923	31.630	14.937	11.459	63.369	135.511	216.921	105.069	618.819
	有效降水量	68.000	31.000	7.000	0.000	0.000	0.000	14.000	49.000	169.000
	净灌溉需水量	0.000	0.600	7.900	11.500	63.400	135.500	202.900	56.100	477.900
2004—2005	作物需水量	30.469	68.426	13.279	10.651	35.225	253.573	285.466	99.685	796.774
	有效降水量	16.000	0.000	0.000	0.000	7.000	11.000	22.000	42.000	98.000
	净灌溉需水量	14.500	68.400	13.300	10.700	28.200	242.600	263.500	57.700	698.900
2005—2006	作物需水量	21.463	67.384	34.793	11.847	25.241	171.685	123.264	123.680	579.357
	有效降水量	44.000	0.000	0.000	13.000	5.000	0.000	9.000	47.000	118.000
	净灌溉需水量	0.000	67.400	34.800	0.000	20.200	171.700	114.300	76.700	485.100
2006—2007	作物需水量	27.246	74.664	14.783	11.590	35.070	80.959	97.365	212.094	553.771
	有效降水量	0.000	6.000	24.000	0.000	5.000	59.800	26.000	43.200	164.000
	净灌溉需水量	27.200	68.700	0.000	11.600	30.100	21.200	71.400	168.900	399.100
	试验需水量	13.122	10.500	6.603	2.387	8.260	15.004	181.800	164.269	401.945

续表

年份	参数	10 月	11 月	12 月	1 月	2 月	3 月	4 月	5 月	合计
2007—2008	作物需水量	35.364	40.119	14.895	9.231	39.390	174.303	147.018	148.885	609.205
	有效降水量	20.000	14.000	7.000	31.000	59.000	12.000	85.000	39.000	267.000
	净灌溉需水量	15.400	26.100	7.900	0.000	0.000	162.300	62.000	109.900	383.600
2008—2009	作物需水量	14.320	37.122	12.895	11.184	17.974	131.110	101.983	120.422	447.010
	有效降水量	11.000	7.000	0.000	0.000	12.000	13.000	49.000	63.000	155.000
	净灌溉需水量	3.300	30.100	12.900	11.200	6.000	118.100	53.000	57.400	292.000
2009—2010	作物需水量	24.616	22.213	12.395	9.549	32.616	112.034	127.206	115.583	456.212
	有效降水量	5.000	37.000	0.000	0.000	12.000	11.000	34.000	17.000	116.000
	净灌溉需水量	19.600	0.000	12.400	9.500	20.600	101.000	93.200	98.600	354.900
2010—2011	作物需水量	27.192	75.027	50.670	7.803	22.402	123.066	121.618	82.706	510.484
	有效降水量	0.000	0.000	0.000	0.000	15.000	7.000	14.000	34.000	70.000
	净灌溉需水量	27.200	75.000	50.700	7.800	7.400	116.100	107.600	48.700	440.500
2011—2012	作物需水量	37.006	32.656	18.747	4.061	66.406	158.746	166.689	164.564	648.875
	有效降水量	40.000	101.000	0.000	0.000	0.000	17.000	48.000	7.000	213.000
	净灌溉需水量	0.000	0.000	18.747	4.061	66.406	141.746	118.689	157.564	507.213
	试验需水量	49.115	2.142	11.640	0.000	4.340	41.788	171.510	184.760	465.295
2012—2013	作物需水量	25.985	37.824	12.135	12.326	12.326	139.754	191.705	170.586	602.641
	有效降水量	14.000	13.000	8.000	31.000	37.000	6.000	22.000	131.000	262.000
	净灌溉需水量	11.985	24.824	4.135	0.000	0.000	133.754	169.705	39.586	383.989
	试验需水量	27.180	2.040	1.457	0.000	14.123	64.294	161.850	135.625	406.569
2013—2014	作物需水量	31.167	64.919	27.759	14.815	13.162	151.368	94.536	183.699	581.425
	有效降水量	15.000	37.000	0.000	0.000	28.000	7.000	56.000	22.000	165.000
	净灌溉需水量	16.200	27.900	27.800	14.800	0.000	144.400	38.500	161.700	431.300
2014—2015	作物需水量	15.653	35.819	23.885	28.553	110.224	102.088	14.990	120.952	452.164
	有效降水量	17.000	26.000	0.000	5.000	0.000	6.000	70.000	54.000	178.000
	净灌溉需水量	0.000	9.800	23.900	23.600	110.200	96.100	0.000	67.000	330.600
2015—2016	作物需水量	29.861	14.916	17.607	7.463	64.645	173.068	133.081	153.747	594.388
	有效降水量	14.000	61.000	0.000	0.000	31.000	0.000	19.000	0.000	125.000
	净灌溉需水量	15.861	0.000	17.607	7.463	33.645	173.068	114.081	153.747	515.472
2016—2017	作物需水量	11.262	23.647	14.562	8.027	30.829	113.225	220.301	265.255	687.108
	有效降水量	112.800	0.000	30.000	11.000	7.000	14.000	25.000	49.000	248.800
	净灌溉需水量	0.000	23.647	0.000	0.000	23.829	99.225	195.301	216.255	558.257

续表

年份	参数	10月	11月	12月	1月	2月	3月	4月	5月	合计
2017—2018	作物需水量	25.653	43.431	23.548	14.977	50.241	141.554	161.132	127.251	587.787
	有效降水量	45.000	0.000	0.000	0.000	8.000	24.000	32.000	31.000	140.000
	净灌溉需水量	0.000	43.431	23.548	14.977	42.241	117.554	129.132	96.251	467.134
2018—2019	作物需水量	54.376	25.214	10.748	11.740	16.007	194.137	158.356	253.758	724.336
	有效降水量	0.000	23.000	15.000	0.000	0.000	0.000	20.000	0.000	58.000
	净灌溉需水量	54.376	2.214	0.000	11.740	16.007	194.137	138.356	253.758	670.588

表 3.14　　三义寨引黄灌区夏玉米全生育期逐月作物需水量　　单位：mm

年份	参数	6月	7月	8月	9月	合计
1999	作物需水量	35.715	64.465	77.204	19.921	197.305
	有效降水量	0.000	98.000	35.000	94.600	227.600
	净灌溉需水量	35.715	0.000	42.204	0.000	77.919
2000	作物需水量	56.645	125.283	69.537	71.666	323.131
	有效降水量	46.000	203.600	58.000	35.000	342.600
	净灌溉需水量	10.600	0.000	11.500	36.700	58.800
2001	作物需水量	49.148	121.302	57.413	69.536	297.399
	有效降水量	72.000	153.700	70.000	0.000	295.700
	净灌溉需水量	0.000	0.000	0.000	69.500	69.500
2002	作物需水量	57.082	126.129	133.195	101.883	418.289
	有效降水量	42.000	152.000	70.000	29.000	293.000
	净灌溉需水量	15.100	0.000	63.200	72.900	151.200
2003	作物需水量	48.506	105.017	31.611	32.160	217.294
	有效降水量	92.000	101.200	240.000	72.200	505.400
	净灌溉需水量	0.000	3.800	0.000	0.000	3.800
2004	作物需水量	50.672	102.045	60.262	68.582	281.561
	有效降水量	57.000	72.000	179.600	56.000	364.600
	净灌溉需水量	0.000	30.000	0.000	12.600	42.600
2005	作物需水量	105.046	107.438	149.889	48.476	410.849
	有效降水量	83.200	149.800	34.000	72.600	339.600
	净灌溉需水量	21.800	0.000	115.900	0.000	137.700
2006	作物需水量	66.238	45.150	111.085	44.057	266.530
	有效降水量	94.200	98.800	112.800	19.000	324.800
	净灌溉需水量	0.000	0.000	0.000	25.100	25.100

续表

年份	参数	6 月	7 月	8 月	9 月	合计
2007	作物需水量	34.625	56.483	41.422	55.050	187.580
	有效降水量	78.000	175.000	138.400	1.000	392.400
	净灌溉需水量	0.000	0.000	0.000	54.100	54.100
2008	作物需水量	42.918	75.540	72.239	81.389	272.086
	有效降水量	8.000	134.400	45.000	37.000	224.400
	净灌溉需水量	34.900	0.000	27.200	44.400	106.500
2009	作物需水量	78.967	78.628	64.073	19.690	241.358
	有效降水量	35.000	52.000	86.000	35.000	208.000
	净灌溉需水量	44.000	26.000	0.000	0.000	70.000
2010	作物需水量	67.950	74.786	66.313	25.094	234.143
	有效降水量	13.000	114.000	221.600	131.200	479.800
	净灌溉需水量	54.950	0.000	0.000	0.000	54.950
2011	作物需水量	46.915	169.451	43.455	25.550	285.371
	有效降水量	6.000	40.000	141.600	132.200	319.800
	净灌溉需水量	40.915	129.451	0.000	0.000	170.366
2012	作物需水量	77.157	115.258	120.210	90.978	403.603
	有效降水量	81.800	107.000	106.000	58.000	352.800
	净灌溉需水量	0.000	8.258	14.210	32.978	55.446
2013	作物需水量	48.617	97.717	201.174	84.920	432.428
	有效降水量	0.000	113.000	35.000	8.000	156.000
	净灌溉需水量	48.617	0.000	166.174	76.920	291.711
2014	作物需水量	34.907	211.238	106.059	30.334	382.538
	有效降水量	23.000	60.000	70.000	122.600	275.600
	净灌溉需水量	11.900	151.200	36.100	0.000	199.200
2015	作物需水量	28.019	116.924	74.340	77.239	296.522
	有效降水量	93.000	41.000	98.000	40.000	272.000
	净灌溉需水量	0.000	75.900	0.000	37.200	113.100
2016	作物需水量	28.606	163.386	70.381	126.398	388.771
	有效降水量	8.000	70.800	57.000	0.000	135.800
	净灌溉需水量	20.606	92.586	13.381	126.398	252.971
2017	作物需水量	111.938	320.052	203.919	80.853	716.762
	有效降水量	0.000	146.000	86.000	45.000	277.000
	净灌溉需水量	111.938	174.052	117.919	35.853	439.762

续表

年份	参数	6月	7月	8月	9月	合计
2018	作物需水量	58.356	236.609	165.395	79.185	539.545
	有效降水量	27.000	56.800	101.200	48.800	233.800
	净灌溉需水量	31.356	179.809	64.195	30.385	305.745
2019	作物需水量	82.477	326.227	144.617	99.119	652.440
	有效降水量	30.000	0.000	146.600	14.000	190.600
	净灌溉需水量	52.477	326.227	0.000	85.119	463.823

表 3.15　　三义寨引黄灌区棉花全生育期逐月作物需水量　　单位：mm

年份	参数	4月	5月	6月	7月	8月	9月	10月	合计
1999	作物需水量	23.335	48.965	52.649	64.075	81.807	57.907	38.247	366.985
	有效降水量	39.000	99.800	10.000	98.000	35.000	100.600	68.000	450.400
	净灌溉需水量	0.000	0.000	42.649	0.000	46.807	0.000	0.000	89.456
2000	作物需水量	149.516	73.333	95.927	121.649	101.278	88.291	25.576	655.570
	有效降水量	5.000	32.000	57.000	203.600	58.000	83.800	60.000	499.400
	净灌溉需水量	144.500	41.300	38.900	0.000	43.300	4.500	0.000	272.500
2001	作物需水量	26.270	52.859	91.233	123.978	77.134	97.703	76.930	546.107
	有效降水量	5.000	0.000	72.000	153.700	70.000	7.000	33.000	340.700
	净灌溉需水量	21.300	52.900	19.200	0.000	7.100	90.700	43.900	235.100
2002	作物需水量	29.086	35.436	92.981	126.329	177.911	148.779	77.114	687.636
	有效降水量	26.000	11.000	53.000	152.000	70.000	29.000	14.000	355.000
	净灌溉需水量	3.086	24.436	39.981	0.000	107.911	119.779	63.114	358.307
2003	作物需水量	17.179	36.549	77.015	101.622	46.978	70.422	45.128	394.893
	有效降水量	52.200	59.800	269.700	101.200	240.000	78.200	68.000	869.100
	净灌溉需水量	0.000	0.000	0.000	0.400	0.000	0.000	0.000	0.400
2004	作物需水量	42.353	39.160	81.338	102.134	69.209	99.167	73.893	507.254
	有效降水量	14.000	59.000	73.000	72.000	19.600	80.000	16.000	333.600
	净灌溉需水量	28.350	0.000	8.340	30.130	49.610	19.170	57.890	193.490
2005	作物需水量	55.620	37.059	171.620	106.120	154.130	61.225	37.528	623.302
	有效降水量	22.000	45.000	105.200	214.000	34.000	139.800	44.000	604.000
	净灌溉需水量	33.600	0.000	66.400	0.000	120.100	0.000	0.000	220.100
2006	作物需水量	24.274	46.111	115.107	44.744	108.415	65.131	54.778	458.560
	有效降水量	9.000	47.000	94.200	98.800	112.800	32.000	0.000	393.800
	净灌溉需水量	15.300	0.000	20.900	0.000	0.000	33.100	54.800	124.100

续表

年份	参数	4月	5月	6月	7月	8月	9月	10月	合计
2007	作物需水量	19.398	73.529	64.311	56.353	58.846	92.138	67.580	432.155
	有效降水量	26.000	54.000	78.000	175.000	138.400	1.000	20.000	492.400
	净灌溉需水量	0.000	19.500	0.000	0.000	0.000	91.100	47.600	158.200
2008	作物需水量	29.261	55.362	77.624	73.772	104.831	99.042	29.699	469.591
	有效降水量	85.000	39.000	46.000	134.400	45.000	57.000	11.000	417.400
	净灌溉需水量	0.000	16.400	31.600	0.000	59.800	42.000	18.700	168.500
2009	作物需水量	20.147	42.861	122.455	80.726	88.595	49.501	49.093	453.378
	有效降水量	49.000	63.000	99.000	52.000	86.000	35.000	5.000	389.000
	净灌溉需水量	0.000	0.000	23.500	28.700	2.600	14.500	44.100	113.400
2010	作物需水量	24.618	41.636	103.383	74.135	70.830	47.218	59.844	421.664
	有效降水量	44.000	17.000	43.000	114.000	205.500	124.800	0.000	548.300
	净灌溉需水量	0.000	24.636	60.383	0.000	0.000	0.000	59.844	144.863
2011	作物需水量	32.717	42.585	76.541	131.251	48.954	34.306	50.412	416.766
	有效降水量	14.000	34.000	6.000	40.000	141.600	172.800	40.000	448.400
	净灌溉需水量	18.717	8.585	70.541	91.251	0.000	0.000	10.412	199.506
2012	作物需水量	21.551	39.999	94.940	88.197	82.640	100.422	69.427	497.176
	有效降水量	48.000	7.000	81.800	107.000	106.000	58.000	14.000	421.800
	净灌溉需水量	0.000	33.000	13.100	0.000	0.000	42.400	55.400	143.900
2013	作物需水量	26.858	40.813	83.163	97.297	173.660	119.650	80.429	621.870
	有效降水量	22.000	131.000	0.000	113.000	35.000	8.000	15.000	324.000
	净灌溉需水量	4.900	0.000	83.200	0.000	138.700	111.700	65.400	403.900
2014	作物需水量	18.286	68.397	77.707	206.259	129.843	56.119	47.368	603.979
	有效降水量	56.000	22.000	29.000	74.000	70.000	154.600	17.000	422.600
	净灌溉需水量	0.000	46.400	48.700	132.300	59.800	0.000	30.400	317.600
2015	作物需水量	2.905	44.810	60.794	116.370	119.385	107.348	82.092	533.704
	有效降水量	70.000	54.000	93.000	41.000	98.000	40.000	14.000	410.000
	净灌溉需水量	0.000	0.000	0.000	75.370	21.385	67.348	68.092	232.195
2016	作物需水量	26.414	56.801	54.633	159.721	113.039	171.700	35.753	618.061
	有效降水量	19.000	0.000	37.000	70.800	57.000	30.000	112.800	326.600
	净灌溉需水量	7.414	56.801	17.633	88.921	56.039	141.700	0.000	368.508
2017	作物需水量	44.671	107.155	158.179	315.237	226.435	113.579	27.474	992.730
	有效降水量	25.000	49.000	33.000	146.000	86.000	56.000	45.000	440.000
	净灌溉需水量	19.671	58.155	125.179	169.237	140.435	57.579	0.000	570.256

续表

年份	参数	4月	5月	6月	7月	8月	9月	10月	合计
2018	作物需水量	31.161	42.639	99.725	231.018	209.935	117.097	109.437	841.012
	有效降水量	32.000	31.000	36.000	56.800	101.200	53.800	0.000	310.800
	净灌溉需水量	0.000	11.639	63.725	174.218	108.735	63.297	109.437	531.051
2019	作物需水量	30.530	94.533	168.535	322.912	185.745	187.716	59.387	1049.358
	有效降水量	20.000	0.000	59.000	0.000	146.600	14.000	67.000	306.600
	净灌溉需水量	10.530	94.533	109.535	322.912	39.145	173.716	0.000	750.371

3.3.5 灌溉需求指数计算结果

灌溉需求指数为净灌溉需水量与需水量的比值，反映作物生长对灌溉的依赖程度[59]，其计算公式如下：

$$V_{IDI}=V_{IR}/ET_c \tag{3.15}$$

式中 V_{IDI}——作物灌溉需求指数；

V_{IR}——净灌溉需水量，mm；

ET_c——作物需水量，mm。

经过对 1999—2019 年 21 年的数据进行计算，得出的冬小麦、夏玉米、棉花的灌溉需求指数见表 3.16～表 3.18。

表 3.16 三义寨引黄灌区冬小麦灌溉需求指数

年份	10月	11月	12月	1月	2月	3月	4月	5月	生育期
2000	0.000	0.000	1.000	0.000	1.000	1.000	0.975	0.833	0.873
2001	0.000	0.000	0.999	0.000	0.000	1.000	0.963	1.000	0.871
2002	0.049	1.000	0.000	0.000	1.000	0.790	0.826	0.861	0.729
2003	0.243	1.000	0.000	1.002	0.260	0.776	0.415	0.317	0.567
2004	0.000	0.019	0.529	1.000	1.000	1.000	0.935	0.534	0.772
2005	0.476	1.000	1.002	1.005	0.801	0.957	0.923	0.579	0.877
2006	0.000	1.000	1.000	0.000	0.800	1.000	0.927	0.620	0.837
2007	0.998	0.920	0.000	1.000	0.858	0.262	0.733	0.796	0.720
2008	0.435	0.651	0.530	0.000	0.000	0.931	0.422	0.738	0.630
2009	0.230	0.811	1.000	1.000	0.334	0.901	0.520	0.477	0.653
2010	0.796	0.000	1.000	0.995	0.632	0.902	0.733	0.853	0.778
2011	1.000	1.000	1.001	1.000	0.330	0.943	0.885	0.589	0.863
2012	0.000	0.000	1.000	1.000	1.000	0.893	0.712	0.957	0.782

续表

年份	10 月	11 月	12 月	1 月	2 月	3 月	4 月	5 月	生育期
2013	0.461	0.656	0.341	0.000	0.000	0.957	0.885	0.232	0.635
2014	0.520	0.430	1.000	0.999	0.000	0.954	0.407	0.880	0.742
2015	0.000	0.274	1.000	0.827	1.000	0.941	0.000	0.554	0.731
2016	0.531	0.000	1.000	1.000	0.520	1.000	0.857	1.000	0.867
2017	0.000	1.000	0.000	0.000	0.773	0.876	0.887	0.815	0.812
2018	0.000	1.000	1.000	1.000	0.841	0.830	0.801	0.756	0.795
2019	1.000	0.088	0.000	1.000	1.000	1.000	0.874	1.000	0.926
平均	0.337	0.542	0.670	0.642	0.607	0.896	0.734	0.720	0.773

表 3.17　　三义寨引黄灌区夏玉米灌溉需求指数

年份	6 月	7 月	8 月	9 月	生育期
1999	1.000	0.000	0.547	0.000	0.395
2000	0.187	0.000	0.165	0.512	0.182
2001	0.000	0.000	0.000	0.999	0.234
2002	0.265	0.000	0.474	0.716	0.361
2003	0.000	0.036	0.000	0.000	0.018
2004	0.000	0.294	0.000	0.184	0.112
2005	0.208	0.000	0.773	0.000	0.335
2006	0.000	0.000	0.000	0.570	0.094
2007	0.000	0.000	0.000	0.983	0.288
2008	0.813	0.000	0.377	0.546	0.392
2009	0.557	0.331	0.000	0.000	0.292
2010	0.809	0.000	0.000	0.000	0.235
2011	0.872	0.764	0.000	0.000	0.597
2012	0.000	0.072	0.118	0.362	0.137
2013	1.000	0.000	0.826	0.906	0.675
2014	0.341	0.716	0.340	0.000	0.521
2015	0.000	0.649	0.000	0.482	0.382
2016	0.720	0.567	0.190	1.000	0.651
2017	1.000	0.544	0.578	0.443	0.614
2018	0.537	0.760	0.388	0.384	0.567
2019	0.636	1.000	0.000	0.859	0.711
平均	0.426	0.273	0.227	0.426	0.371

表 3.18　　三义寨引黄灌区棉花灌溉需求指数

年份	4月	5月	6月	7月	8月	9月	10月	生育期
1999	0.000	0.000	0.810	0.000	0.572	0.000	0.000	0.244
2000	0.966	0.563	0.406	0.000	0.428	0.051	0.000	0.416
2001	0.811	1.001	0.210	0.000	0.092	0.928	0.571	0.431
2002	0.106	0.690	0.430	0.000	0.607	0.805	0.818	0.521
2003	0.000	0.000	0.000	0.004	0.000	0.000	0.000	0.001
2004	0.669	0.000	0.103	0.295	0.717	0.193	0.783	0.381
2005	0.604	0.000	0.387	0.000	0.779	0.000	0.000	0.353
2006	0.630	0.000	0.182	0.000	0.000	0.508	1.000	0.271
2007	0.000	0.265	0.000	0.000	0.000	0.989	0.704	0.366
2008	0.000	0.296	0.407	0.000	0.570	0.424	0.630	0.359
2009	0.000	0.000	0.192	0.356	0.029	0.293	0.898	0.250
2010	0.000	0.592	0.584	0.000	0.000	0.000	1.000	0.344
2011	0.572	0.202	0.922	0.695	0.000	0.000	0.207	0.479
2012	0.000	0.825	0.138	0.000	0.000	0.422	0.798	0.290
2013	0.182	0.000	1.000	0.000	0.799	0.934	0.813	0.649
2014	0.000	0.678	0.627	0.641	0.461	0.000	0.642	0.526
2015	0.000	0.000	0.000	0.648	0.179	0.627	0.829	0.435
2016	0.281	1.000	0.323	0.557	0.496	0.825	0.000	0.596
2017	0.440	0.543	0.791	0.537	0.620	0.507	0.000	0.574
2018	0.000	0.273	0.639	0.754	0.518	0.541	1.000	0.631
2019	0.345	1.000	0.650	1.000	0.211	0.925	0.000	0.715
平均	0.267	0.377	0.419	0.261	0.337	0.427	0.509	0.421

3.4 灌区主要作物需水量计算结果分析

3.4.1 3个年度的计算结果与试验数据对比

对于三义寨引黄灌区的冬小麦作物需水量、有效降水量和净灌溉需水量，以2006—2007年度、2011—2012年度、2012—2013年度逐日气象数据为基础，利用式（3.7）～式（3.12）进行计算，结果列入表3.19。为了验证结果的可行性，将 3 个年度的计算数据与惠北水利科学试验站冬小麦作物需水量试验数据进行对比，试验冬小麦品种为开麦 18，坑测，畦灌，生育期控制土壤水分范围为田间持水量上限 60%，试验实测需水量对比结果见表 3.20，得出 3 个年度的冬小麦生育期的计算净灌溉需水量的误差分别为 0.7%、8.0%、5.6%，表明计算公式参数选取合理，适用性较强。

表 3.19　三义寨引黄灌区冬小麦生育期计算需水量与试验实测需水量对比

单位：mm

年份	项目	10 月	11 月	12 月	1 月	2 月	3 月	4 月	5 月	合计
2006—2007	作物需水量	27.246	74.664	14.783	11.590	35.070	80.959	97.365	212.094	553.771
	有效降水量	0.000	6.000	24.000	0.000	5.000	59.800	26.000	43.200	164.000
	净灌溉需水量	27.200	68.700	0.000	11.600	30.100	21.200	71.400	168.900	399.100
	实测需水量	13.122	10.500	6.603	2.387	8.260	15.004	181.800	164.269	401.945
2011—2012	作物需水量	37.006	32.656	18.747	4.061	66.406	158.746	166.689	164.564	648.875
	有效降水量	40.000	101.000	0.000	0.000	0.000	17.000	48.000	7.000	213.000
	净灌溉需水量	0.000	0.000	18.747	4.061	66.406	141.746	118.689	157.564	507.213
	实测需水量	49.115	2.142	11.640	0.000	4.340	41.788	171.510	184.760	465.295
2012—2013	作物需水量	25.985	37.824	12.135	12.326	12.326	139.754	191.705	170.586	602.641
	有效降水量	14.000	13.000	8.000	31.000	37.000	6.000	22.000	131.000	262.000
	净灌溉需水量	11.985	24.824	4.135	0.000	0.000	133.754	169.705	39.586	383.989
	实测需水量	27.180	2.040	1.457	0.000	14.123	64.294	161.850	135.625	406.569

3.4.2　冬小麦计算结果分析

对于三义寨引黄灌区的冬小麦，以 2000—2019 年的逐日气象数据为基础，利用式（3.8）～式（3.14）计算生育期逐月和逐年作物需水量、有效降水量、净灌溉需水量均值，结果见表 3.20 和表 3.21。冬小麦生育期（10 月中旬至第二年 5 月下旬）的逐月和逐年作物需水量、有效降水量、净灌溉需水量变化如图 3.3 和图 3.4 所示。

表 3.20　三义寨引黄灌区冬小麦生育期 20 年平均逐月需水量均值（2000—2019 年）

单位：mm

月份	10	11	12	1	2	3	4	5
作物需水量	26.978	41.400	18.705	12.098	36.795	149.002	146.828	147.510
有效降水量	29.840	21.050	7.550	8.100	13.250	12.090	31.660	36.550
净灌溉需水量	10.591	27.601	14.597	7.647	27.076	136.919	117.918	110.963

表 3.21 三义寨引黄灌区冬小麦生育期 20 年逐年需水量（2000—2019 年） 单位：mm

年份	作物需水量	有效降水量	净灌溉需水量
2000	705.343	147	615.551
2001	530.107	160	461.692
2002	505.036	158	368.301
2003	395.494	190	224.055
2004	618.800	169	477.9
2005	796.774	98	698.774
2006	579.357	118	485.047
2007	553.771	164	398.988
2008	609.21	267	383.58
2009	447.01	155	292.01
2010	456.212	116	354.999
2011	510.484	70	440.484
2012	648.9	213	507.213
2013	604.8	262	383.989
2014	581.425	165	431.263
2015	452.164	178	330.521
2016	594.388	125	515.472
2017	687.108	248.8	558.257
2018	587.787	140	467.134
2019	724.336	58	670.588
平均	579.435	106.09	453.291

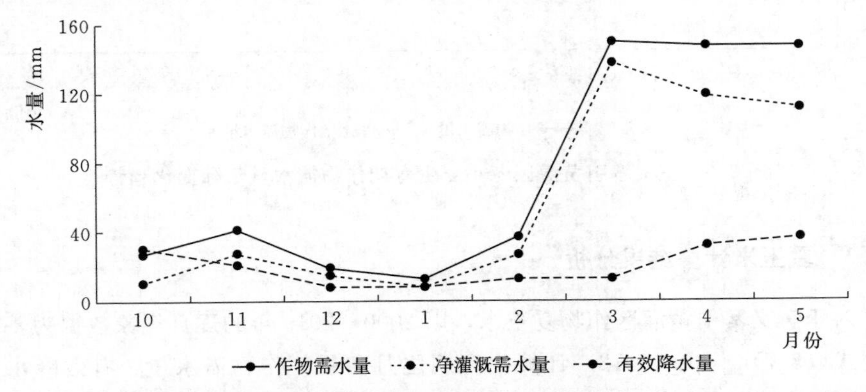

图 3.3 三义寨引黄灌区冬小麦生育期 20 年平均逐月需水量图（2000—2019 年）

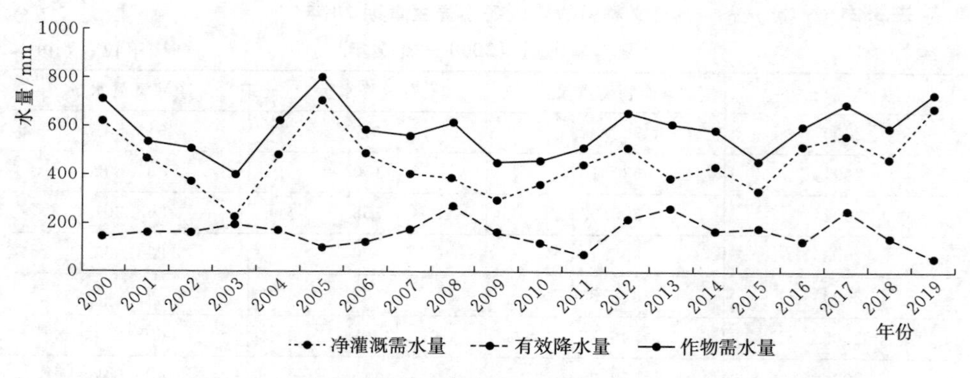

图 3.4　三义寨引黄灌区冬小麦生育期逐年需水量变化图

经过计算，三义寨引黄灌区冬小麦生育期（235 天）作物需水量、有效降水量和净灌溉需水量的 20 年（2000—2019 年）年际变化趋势如图 3.5～图 3.7 所示。生育期作物需水量为增加趋势，需水量倾向率为 2.446mm/年；有效降水量呈现减少趋势，降水量倾向率为－0.1421mm/年；净灌溉需水量呈现增加趋势，净灌溉需水量倾向率为 2.8681mm/年。

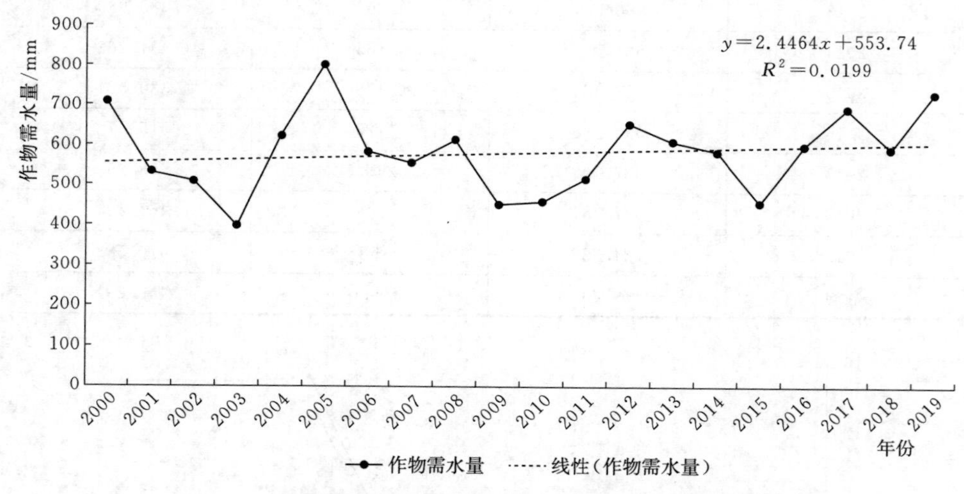

图 3.5　三义寨引黄灌区冬小麦生育期作物需水量年际变化趋势

3.4.3　夏玉米计算结果分析

对于三义寨引黄灌区作物夏玉米，以 2000—2019 年的逐日气象数据为基础，利用式（3.7）～式（3.12）计算生育期逐月和逐年作物需水量、有效降水量、净灌溉需水量均值，结果见表 3.22 和表 3.23。夏玉米生育期（6—9 月）逐月

和逐年的作物需水量、有效降水量、净灌溉需水量变化如图 3.8 和图 3.9 所示。

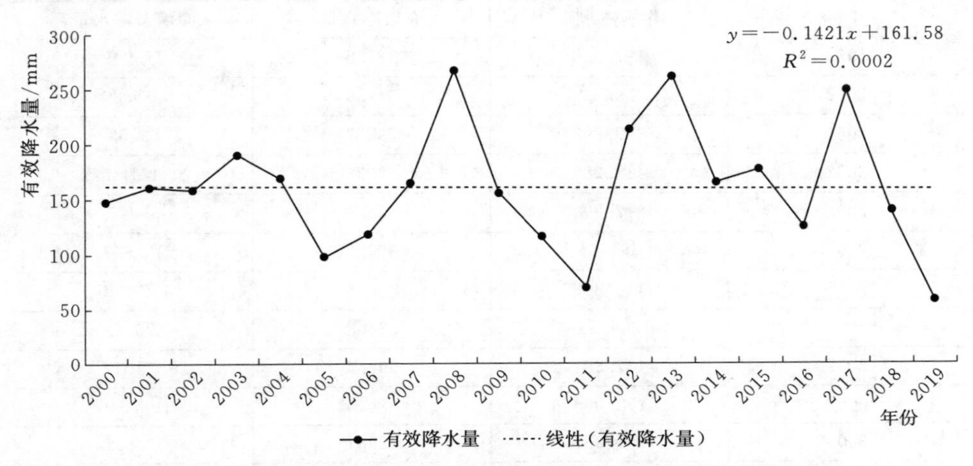

图 3.6　三义寨引黄灌区夏玉米生育期（235 天）有效降水量年际变化趋势

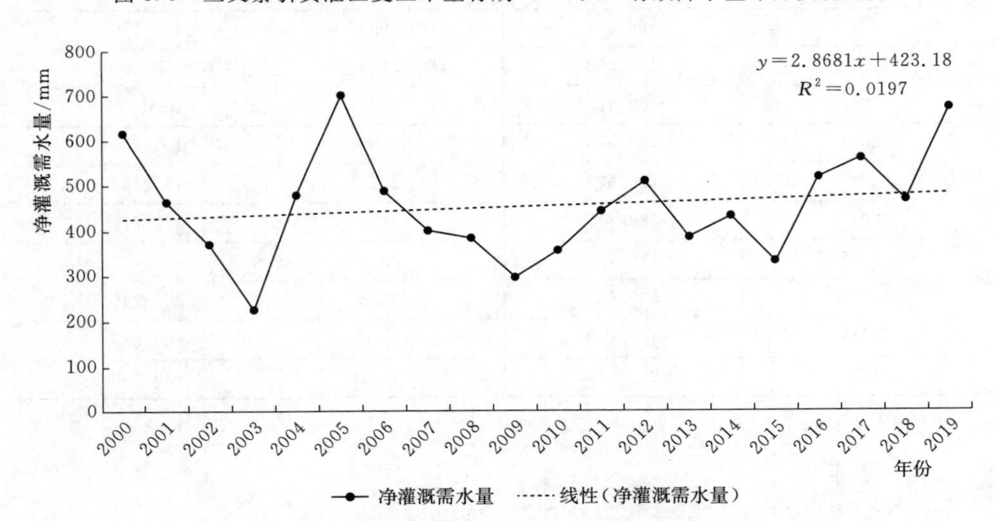

图 3.7　三义寨引黄灌区夏玉米生育期净灌溉需水量年际变化趋势

表 3.22　三义寨引黄灌区夏玉米生育期 20 年平均逐月需水量均值（2000—2019 年）

单位：mm

月份	6	7	8	9
作物需水量	57.643	135.197	98.276	63.432
有效降水量	42.343	101.862	101.514	50.057
净灌溉需水量	25.470	57.013	31.999	35.245

表 3.23　三义寨引黄灌区夏玉米生育期 20 年逐年需水量（1999—2019 年）　单位：mm

年份	作物需水量	有效降水量	净灌溉需水量
1999	197.306	227.6	77.919
2000	323.13	342.6	58.8
2001	297.399	295.7	69.54
2002	418.288	293	151.2
2003	217.294	505.4	3.817
2004	381.56	364.6	42.627
2005	410.848	339.6	137.735
2006	266.53	324.8	25.1
2007	187.581	392.4	54.1
2008	272.086	224.4	106.546
2009	241.357	208	70.595
2010	234.143	479.8	54.95
2011	285.371	319.8	170.366
2012	403.603	352.8	55.446
2013	432.428	156	291.71
2014	382.538	275.6	199.204
2015	296.522	272	113.163
2016	388.771	135.8	252.971
2017	716.762	277	439.762
2018	539.545	233.8	305.745
2019	652.440	190.6	463.823
平均	359.310	295.776	149.768

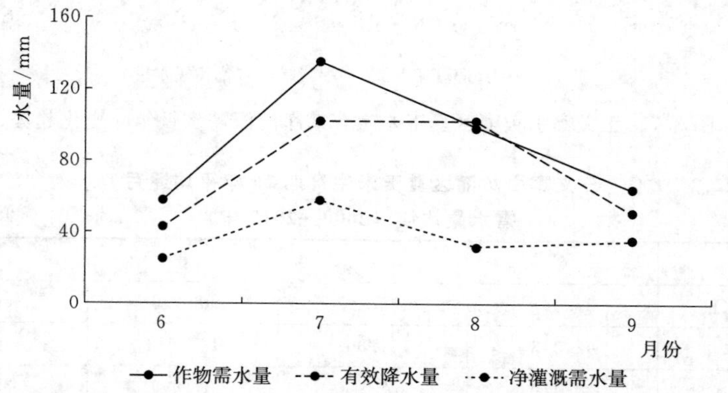

图 3.8　三义寨引黄灌区夏玉米生育期 20 年平均逐月需水量图（2000—2019 年）

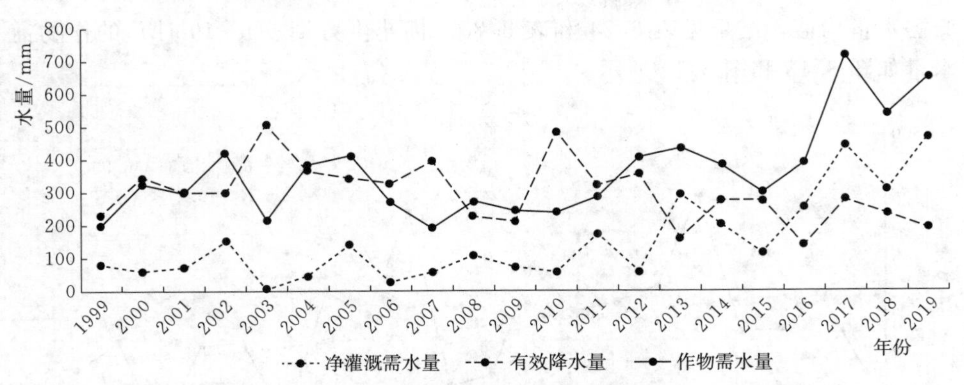

图 3.9　三义寨引黄灌区夏玉米生育期 1999—2019 年逐年需水量变化图

经过计算，三义寨引黄灌区夏玉米生育期（102 天）作物需水量、有效降水量和净灌溉需水量的 20 年（2000—2019 年）年际变化趋势如图 3.10～图 3.12 所示。生育期作物需水量为显著增加趋势，需水量倾向率为 14.004mm/年；有效降水量呈现减少趋势，降水量倾向率为－6.4738mm/年；净灌溉需水量呈现明显增加趋势，净灌溉需水量倾向率为 15.692mm/年。

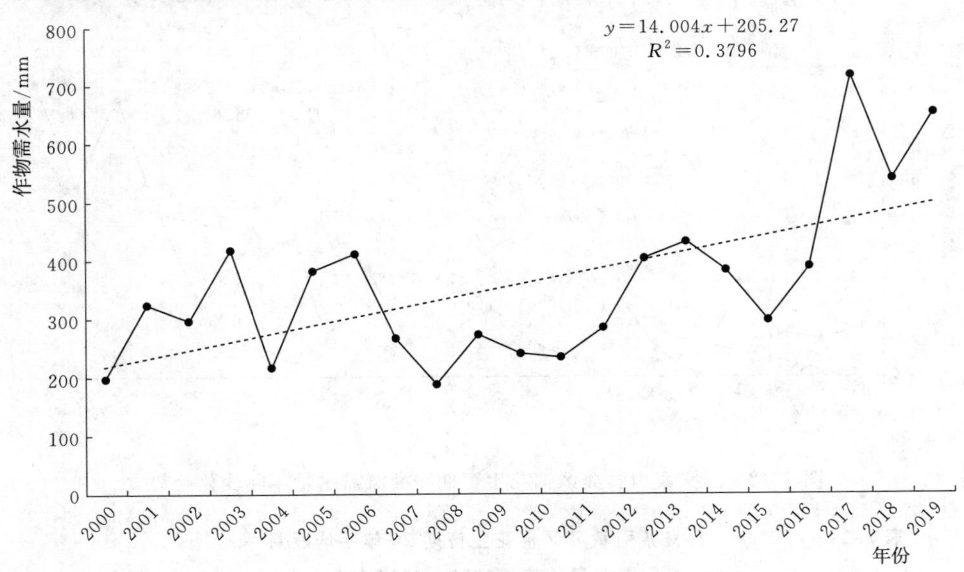

图 3.10　三义寨引黄灌区夏玉米生育期作物需水量年际变化趋势

3.4.4　棉花计算结果分析

对于三义寨引黄灌区作物棉花，以 2000—2019 年的逐日气象数据为基础，利用式（3.7）～式（3.12）计算生育期逐月作物需水量、有效降水量和净灌

溉需水量均值，结果见表 3.24 和表 3.25。棉花生育期（4—10 月）的作物需水量如图 3.13 和图 3.14 所示。

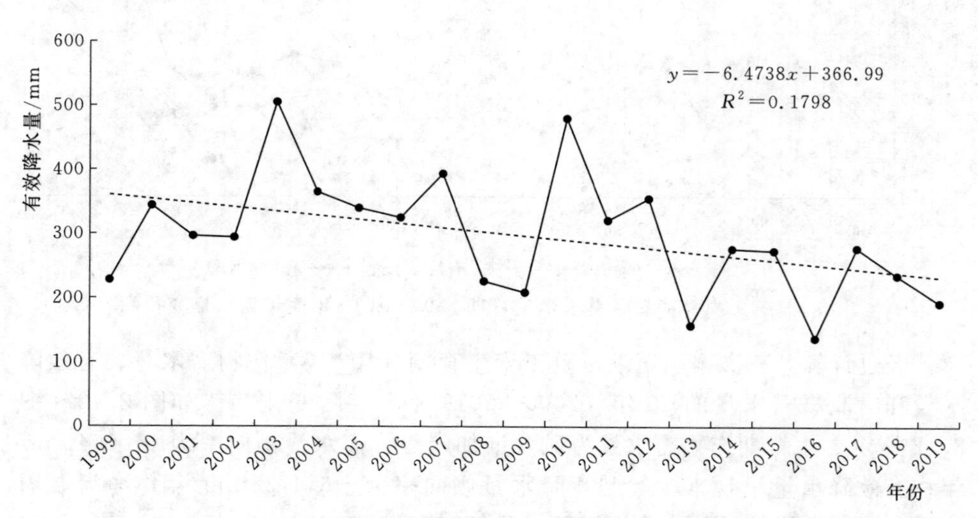

图 3.11 三义寨引黄灌区棉花生育期净有效降水量年际变化趋势

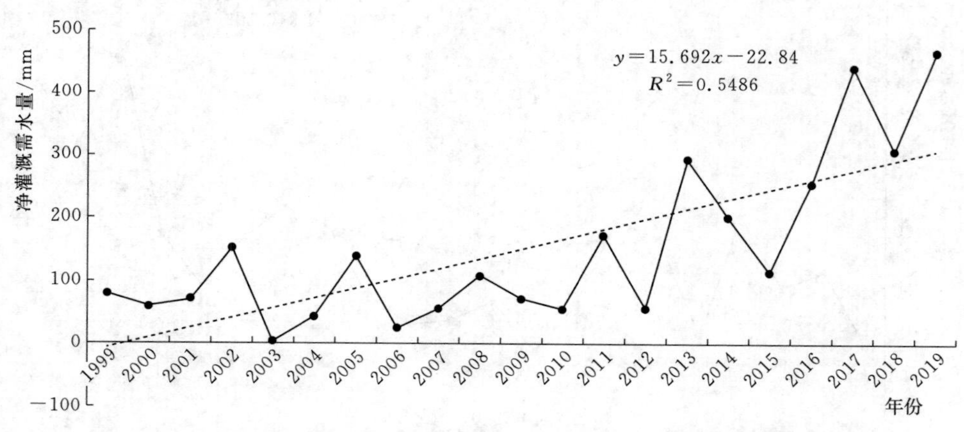

图 3.12 三义寨引黄灌区棉花生育期净灌溉需水量年际变化趋势

表 3.24 三义寨引黄灌区棉花生育期 20 年平均逐月需水量均值（2000—2019 年）

单位：mm

月份	4	5	6	7	8	9	10
作物需水量	33.150	53.362	96.184	130.662	115.695	94.498	57.009
有效降水量	32.486	40.695	65.471	105.586	93.129	64.543	31.610
净灌溉需水量	14.637	23.252	42.070	53.021	47.689	51.076	34.719

表 3.25　　三义寨引黄灌区棉花生育期 21 年逐年需水量（1999—2019 年）　　单位：mm

年份	作物需水量	有效降水量	净灌溉需水量
1999	366.985	450.4	89.456
2000	655.57	499.4	272.545
2001	546.108	340.7	235.13
2002	687.634	355	358.307
2003	394.902	869.1	0.422
2004	507.254	333.6	193.494
2005	623.301	604	220.17
2006	458.56	393.8	124.09
2007	432.154	492.4	158.25
2008	469.592	417.4	168.558
2009	453.378	389	113.37
2010	421.664	548.3	144.863
2011	416.766	448.4	199.506
2012	497.175	421.8	143.988
2013	621.9	324	403.76
2014	603.979	422.6	317.574
2015	533.703	410	232.195
2016	618.061	326.6	368.508
2017	992.731	440	570.256
2018	841.012	310.8	531.051
2019	1049.358	306.6	750.371
平均	580.561	433.519	266.470

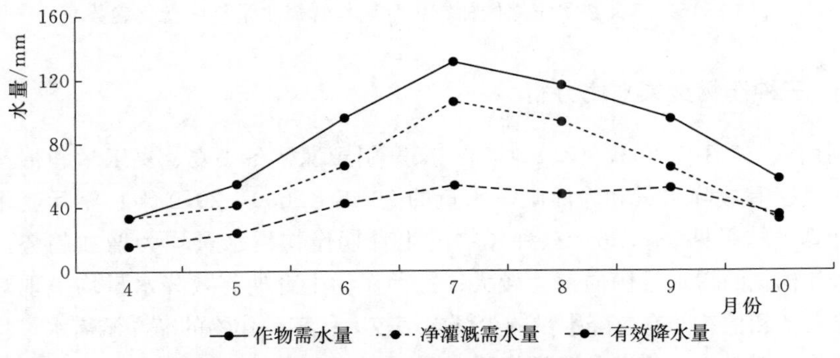

图 3.13　三义寨引黄灌区棉花生育期 20 年平均逐月需水量图（2000—2019 年）

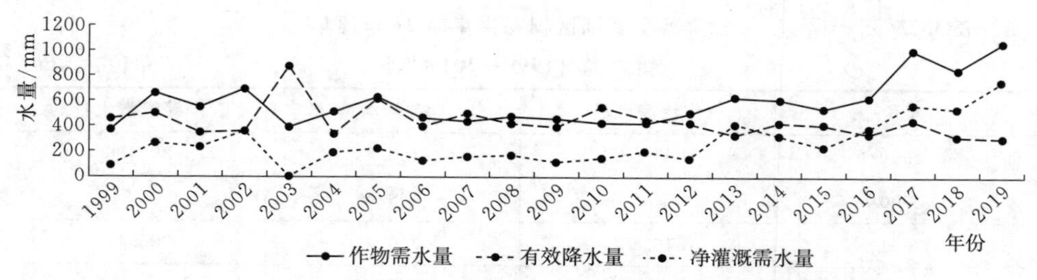

图 3.14　三义寨引黄灌区棉花生育期 2000—2019 年逐年需水量变化图

经过计算，三义寨引黄灌区棉花生育期（214 天）作物需水量、有效降水量和净灌溉需水量的 21 年（1999—2019 年）年际变化趋势如图 3.15～图 3.17 所示。生育期作物需水量为显著增加趋势，需水量倾向率为 16.788mm/年；有效降水量呈现减少趋势，降水量倾向率为－7.5877mm/年；净灌溉需水量呈现明显增加趋势，净灌溉需水量倾向率为 18.899mm/年。

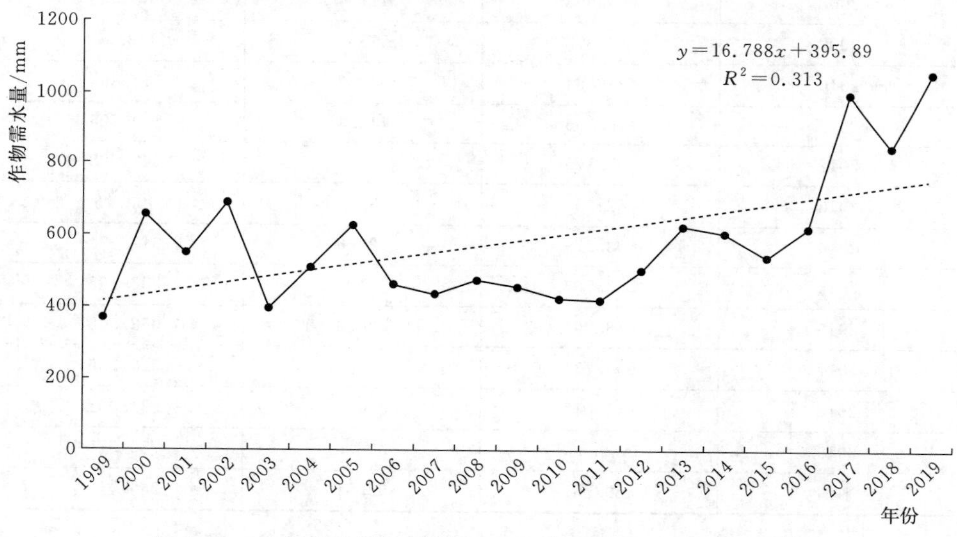

图 3.15　三义寨引黄灌区棉花生育期作物需水量年际变化趋势

3.4.5　三种作物结果对比分析

利用式（3.13）和式（3.14）对三义寨引黄灌区冬小麦、夏玉米和棉花的作物需水量、有效降水量和净灌溉需水量的 20 年（2000—2019 年）年际变化趋势进行计算，结果见表 3.26。三种作物的生育期作物需水量均为增加趋势，其中夏玉米和棉花的需水量倾向率为较大；三种作物生育期有效降水量均呈现减少趋势，夏玉米和棉花的有效降水量减少倾向率较大；三种作物的净灌溉需水量均呈现增加趋势，夏玉米和棉花的净灌溉需水量减少倾向率较大，主要是由于夏玉米和

棉花的生育期与降水量较大的月份重合，因此受到降水量和气候的影响较显著。

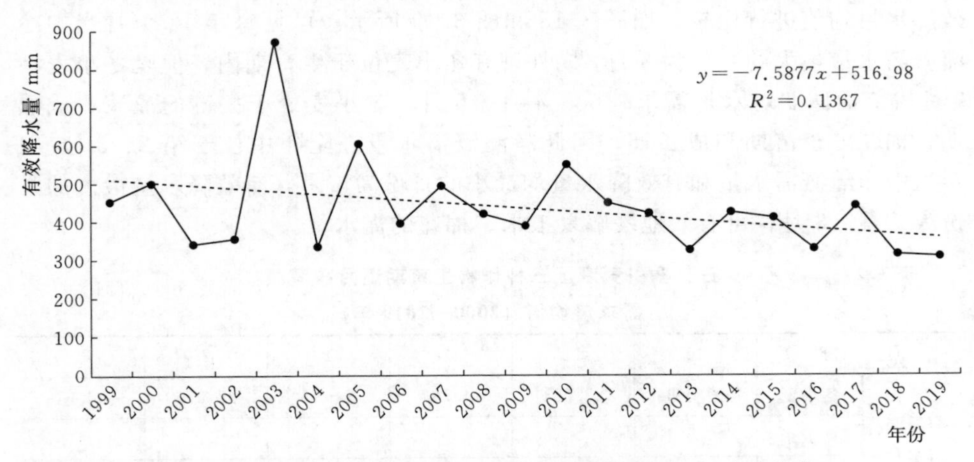

图 3.16 三义寨引黄灌区棉花生育期有效降水量年际变化趋势

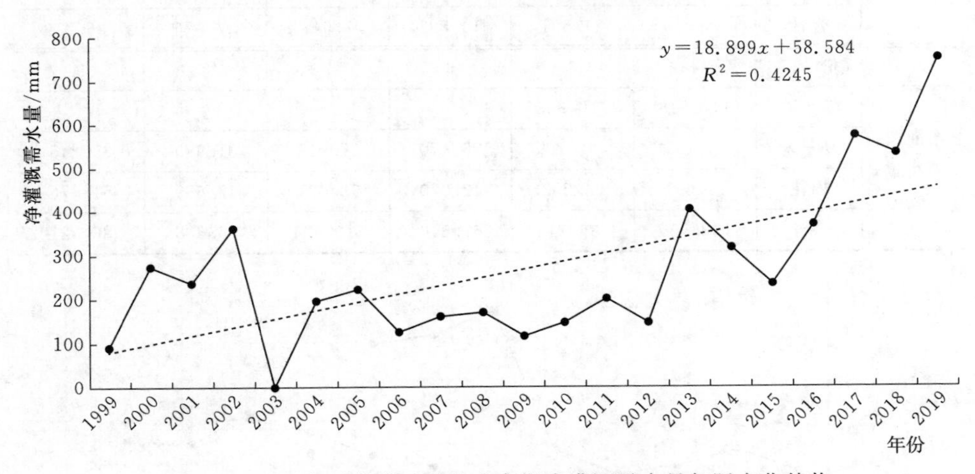

图 3.17 三义寨引黄灌区棉花生育期净灌溉需水量年际变化趋势

表 3.26 三义寨引黄灌区三种作物生育期 20 年需求量均值及年际变化趋势

作物	生育期需水量/mm	生育期需水量倾向率/(mm/年)	生育期降水量/mm	生育期降水量倾向率/(mm/年)	净灌溉需水量/mm	净灌溉需水量倾向率/(mm/年)
冬小麦	579.425	2.446	160.090	−0.142	453.291	2.868
夏玉米	359.310	14.004	295.776	−6.474	149.768	15.692
棉花	580.561	16.788	433.519	−7.588	266.470	18.899

将三义寨引黄灌区的冬小麦、夏玉米和棉花三种主要作物 20 年的逐月净

灌溉需水量均值（表3.27），按照生育期月份进行累计，并与20年的逐月有效降水量均值进行比较，如图3.18和图3.19所示。可见每年12个月当中净灌溉需水量最大的月份为3月，3月只有冬小麦位于生育期内，但是冬小麦在3月拔节抽穗期对水量需求较大。4月、5月，冬小麦处于关键的灌浆、成熟期，棉花处于苗期和成长期，因此净灌溉需水量在全年中位于第2、3位。1年当中净灌溉需水量和有效降水量均最小的月份为1月，有效降水量最大的月份为7月、8月，可有效地缓解夏玉米、棉花的需水量。

表3.27　三义寨引黄灌区三种作物生育期逐月净灌溉需求量均值（2000—2019年）

月份		10	11	12	1	2	3
净灌溉需水量/mm	冬小麦	10.591	27.601	14.597	7.647	27.076	136.919
	夏玉米						
	棉花	34.719					
	合计	45.310	27.601	14.597	7.647	27.076	136.919
月份		4	5	6	7	8	9
净灌溉需水量/mm	冬小麦	117.918	110.963				
	夏玉米			25.470	57.013	31.999	35.245
	棉花	14.637	23.252	42.070	53.021	47.689	51.076
	合计	132.555	134.215	67.540	110.034	79.688	86.321

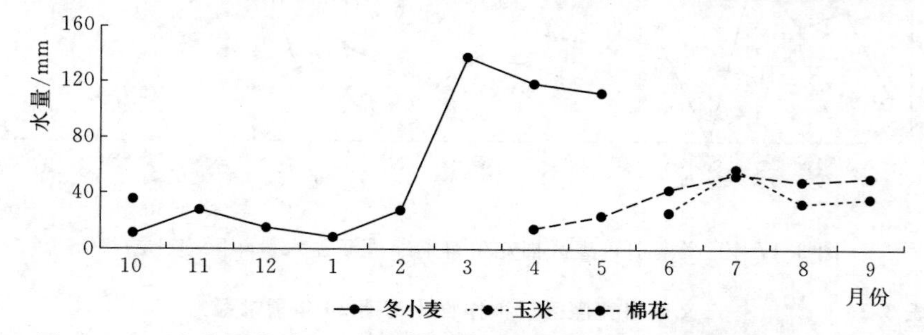

图3.18　三义寨引黄灌区三种作物生育期20年平均逐月灌溉需求量对比图

三义寨引黄灌区的冬小麦、夏玉米和棉花三种主要作物，其生育期长短、月份、时间是不完全重合的，为了精准地研究引黄灌区在每个月灌溉需求情况，利用公式（3.15）计算作物的灌溉需求指数，并按月份进行对比。如图3.20所示，冬小麦灌溉需求最大的月份为3月，其次是4月、5月，均为小麦生长最关键的时期，灌溉需求最低的月份是10月。夏玉米灌溉需求最大的月份为6月、9月，最低的月份是8月。棉花灌溉需求最大的月份是10月，其次是6月、9月，灌溉需求最低的月份是7月。根据三义寨引黄灌区的种植结

构，冬小麦大约占比80%，夏玉米占比70%，棉花占比20%，将三种作物的灌溉需求指数逐月均值进行合计见表3.28，1年当中灌溉需求最大的月份是5月，三种作物都有灌溉需求，其次是4月和3月。

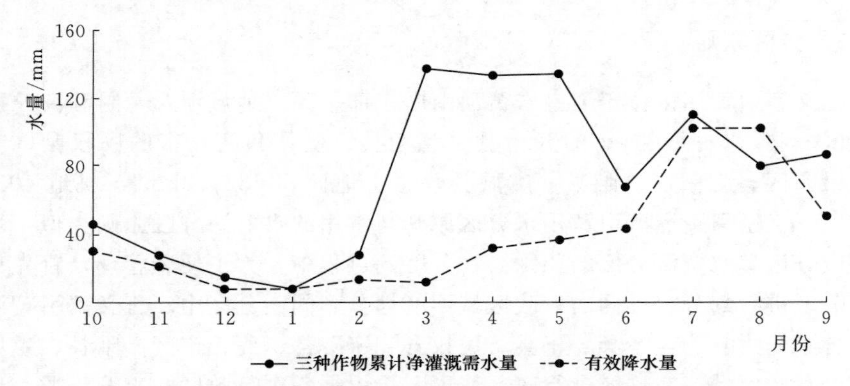

图3.19　三义寨引黄灌区三种作物累计生育期20年平均逐月灌溉需水量图

表3.28　三义寨引黄灌区三种作物生育期20年平均逐月灌溉需求指数

作物	10月	11月	12月	1月	2月	3月	4月
冬小麦	0.337	0.542	0.670	0.642	0.607	0.896	0.734
夏玉米							
棉花							0.267
合计	0.337	0.542	0.67	0.642	0.607	0.896	1.001

作物	5月	6月	7月	8月	9月	10月
冬小麦	0.720					
夏玉米		0.426	0.273	0.227	0.426	
棉花	0.377	0.419	0.261	0.337	0.427	0.509
合计	1.097	0.845	0.534	0.564	0.853	0.509

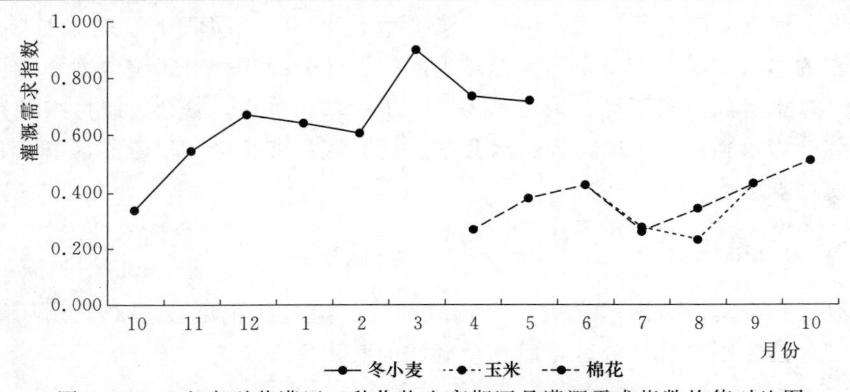

图3.20　三义寨引黄灌区三种作物生育期逐月灌溉需求指数均值对比图

3.5　三义寨引黄灌区分区灌溉需水量计算

3.5.1　分区原则

三义寨引黄灌区位于河南省黄河南岸东部平原，地域涉及开封和商丘两市的两区七县，包括开封市的开封县、兰考县、杞县和商丘市的民权县、宁陵县、梁园区、睢阳区、睢县、虞城县，总土地面积 4344.2km^2，耕地 405.01 万亩。三义寨引黄灌区引黄用水分区原则与常用的水资源分区原则类似，均采用行政分区套水资源分区的原则。在分区的过程中，为了便于管理，首先根据行政分区进行划分，不同的行政区域不能划分到同一分区中。三义寨引黄灌区共包含了开封县、兰考县、杞县、民权县、宁陵县、商丘市区、睢县、虞城县共 8 个行政区域。在这 8 个行政区域中，再根据各个行政区的土壤土质、地形地貌、作物种类、灌水条件、管理等因素考虑是否再继续进行分区。在这一步工作中，考虑到兰考和民权两个行政区域的充分灌溉和非充分灌溉面积区分比较明显，因此对两个行政区域进行分割。充分灌溉灌区的灌溉系统有斗、农渠组成；排水系统有斗、农沟组成，灌排渠沟采用相邻或相间的布置形式，并对斗、农渠进行混凝土 U 形槽衬砌；田间灌水方式以小畦灌溉为主。非充分灌溉灌区采用灌排合一灌溉模式，即斗、农渠（沟）为一套系统，既要满足排涝要求，又用以输水灌溉，田间灌水方式采用低压管网或流动提灌站，从斗渠（沟）或农渠提水，并配合地面软管（俗称“小白龙”）输水灌溉，部分区域采用喷灌或微灌节水技术。

为了便于划分和管理，兰考县以兰考干渠为界，划分为兰考南区和兰考北区；民权县以黄河故道为界，划分为民权南区和民权北区。在两个行政区域的分割中，并不是完全按照充分灌溉和非充分灌溉区域划分，因此，相应的面积也会有所变动。其余行政区内由于灌溉类型大体一致，即便有些行政区中有部分面积的灌溉方式中有所不同，但是不同的那部分面积相对于整体面积来说非常少，基本可以忽略不计，因此，为了便于计算和管理，其余行政区按照行政区域划分为单独的一个区，即开封县区、杞县区、睢县区、宁陵县区、商丘市区、虞城县区。

3.5.2　分区结果

统计三义寨引黄灌区原有各个行政区域的灌溉面积见表 3.29。然后结合上述的分区原则，统计分区之后各个区域的面积见表 3.30。

表 3.29　　三义寨引黄灌区各县（区）灌溉面积表

市名	县（区）名	灌溉面积/万亩		
		充分灌溉灌区	非充分灌溉灌区	合计
开封市	兰考县	50.26	28.70	78.96
	开封县	6.93	—	6.93
	杞县	25.61	—	25.61
	小计	82.80	28.70	111.50
商丘市	民权县	40.51	10	50.51
	梁园区	8.00	27.60	35.60
	睢阳区	—	15.00	15.00
	宁陵县	3.00	39.68	42.68
	睢县	—	27.01	27.01
	虞城县	—	43.70	43.70
	小计	51.51	162.99	214.50
合计		134.31	191.69	326.00

表 3.30　　各分区规划灌溉面积

编号	分区	充分灌溉面积/万亩	非充分灌溉面积/万亩	分区面积/万亩
1	兰考南区	35.26	—	35.26
2	兰考北区	15.00	28.70	43.70
3	开封县区	6.93	—	6.93
4	杞县区	25.61	—	25.61
5	民权南区	—	8.00	8.00
6	民权北区	40.51	2.00	42.51
7	睢县区	—	27.01	27.01
8	宁陵县区	3.00	39.68	42.68
9	商丘市区	8.00	42.60	50.00
10	虞城县区	—	43.70	43.70
合计	—	134.31	191.69	326.00

3.5.3　分区灌溉需水量

根据灌区内各种作物的种植结构，结合上述的分区，计算各区的净灌溉需水量，见表 3.31。三义寨引黄灌区净灌溉需水量合计逐月分布如图 3.21 所示。

表3.31 三义寨引黄灌区分区净灌溉需水量

分区	净灌溉需水量/亿 m³												
	10月	11月	12月	1月	2月	3月	4月	5月	6月	7月	8月	9月	合计
兰考南区	0.03	0.05	0.03	0.01	0.05	0.24	0.21	0.21	0.06	0.12	0.08	0.08	1.17
兰考北区	0.04	0.06	0.03	0.02	0.06	0.30	0.27	0.26	0.08	0.15	0.09	0.10	1.45
开封县区	0.01	0.01	0.01	0.00	0.01	0.05	0.04	0.04	0.01	0.02	0.01	0.02	0.23
杞县区	0.03	0.04	0.02	0.01	0.03	0.18	0.16	0.15	0.04	0.09	0.05	0.06	0.85
民权南区	0.01	0.01	0.01	0.00	0.01	0.05	0.05	0.05	0.01	0.03	0.02	0.02	0.27
民权北区	0.04	0.06	0.03	0.02	0.06	0.29	0.26	0.25	0.07	0.14	0.09	0.10	1.41
睢县区	0.03	0.04	0.02	0.01	0.04	0.18	0.16	0.16	0.05	0.09	0.06	0.06	0.90
宁陵县区	0.04	0.06	0.03	0.02	0.06	0.29	0.26	0.25	0.07	0.14	0.09	0.10	1.42
商丘市区	0.05	0.07	0.04	0.02	0.07	0.34	0.30	0.29	0.09	0.17	0.11	0.12	1.66
虞城县区	0.04	0.06	0.03	0.02	0.06	0.30	0.27	0.26	0.08	0.15	0.09	0.10	1.46
合计	0.32	0.45	0.24	0.12	0.44	2.23	1.99	1.91	0.57	1.10	0.69	0.76	10.84

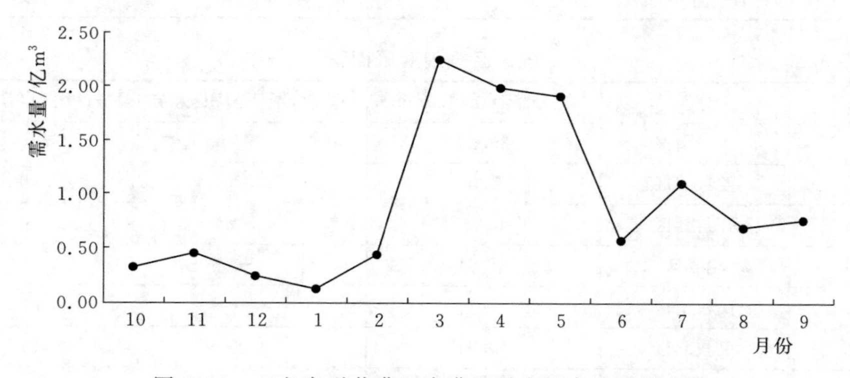

图3.21 三义寨引黄灌区净灌溉需水量合计逐月分布

3.6 小　　结

(1) 首先明确了灌区总耗水量、灌溉用水总量、非灌溉用水量、作物需水量、净灌溉水量、灌溉真实耗水量、引黄渠灌耗水量等相关概念，然后确定了各个水量的计算方法、公式，理清了各种水量之间的关系和构成，并以河南省三义寨引黄灌区为研究实例进行了计算。根据结果，从2005—2012年间，三义寨引黄灌区的总耗水量不断增加，2012年达到8.18亿 m³，扣除用在工业、生活和生态环境的用水之外，98%以上的水量用在了农业灌溉。灌溉真实耗水量的计算结果显示，用在农业灌溉的水量有50%以上的水资源都消耗了，消耗的原因是从引水口至田间的渠道上蒸发、渗漏等。

(2) 三义寨引黄灌区冬小麦全生育期(10月中旬至第二年5月下旬)的作物需水量,在1999—2019年年际变化范围为395.494～796.776mm,多年平均值为579.425mm;有效降水量年际变化范围为58～267mm,多年平均值为160.090mm;净灌溉需水量的年际变化范围为224.055～698.774mm,多年平均值为453.291mm。冬小麦的灌溉需求指数均值为0.773,对灌溉的依赖程度较高。

(3) 三义寨引黄灌区夏玉米全生育期(6月中旬至9月中旬)的作物需水量,在1999—2019年年际变化范围为187.581～716.762mm,多年平均值为359.310mm;有效降水量年际变化范围为135.8～505.4mm,多年平均值为295.776mm;净灌溉需水量的年际变化范围为3.817～439.762mm,多年平均值为149.768mm。夏玉米的灌溉需求指数均值为0.371,对灌溉的依赖程度较低。

(4) 三义寨引黄灌区棉花全生育期(4月上旬至10月下旬)的作物需水量,在1999—2019年年际变化范围为366.985～1049.358mm,多年平均值为580.561mm;有效降水量年际变化范围为306.6～869.10mm,多年平均值为433.519mm;净灌溉需水量的年际变化范围为0.422～750.371mm,多年平均值为266.470mm。棉花的灌溉需求指数均值为0.421,对灌溉的依赖程度中等。

(5) 三义寨引黄灌区的3种主要作物20年的逐月净灌溉需水量均值,每年12个月当中净灌溉需水量最大的为3月,冬小麦在3月份拔节抽穗期对水量需求较大。4月、5月,冬小麦处于关键的灌浆、成熟期,棉花处于苗期和成长期,因此净灌溉需水量在全年中位于第2、3位。1年当中净灌溉需水量和有效降水量均最小的月份为1月,有效降水量最大的月份为7月、8月,有效地缓解了夏玉米、棉花的需水量。

(6) 三义寨引黄灌区三种作物的生育期需水量均为增加趋势,其中夏玉米和棉花的需水量倾向率较大;三种作物生育期有效降水量均呈现减少趋势,夏玉米和棉花的有效降水量减少倾向率较大;三种作物的净灌溉需水量均呈现增加趋势,夏玉米和棉花的净灌溉需水量减少倾向率较大,主要是由于夏玉米和棉花的生育期主要与降水量较大的月份重合,因此受到降水量和气候的影响较显著。

第4章

灌区耗水因子识别和综合完备度指标体系构建

4.1 基于用水流向跟踪法的灌溉耗水影响因子识别

4.1.1 用水流向跟踪法

为了全面梳理引黄灌区灌溉用水过程中所有耗水影响因子，采用用水流向跟踪法进行分析。所谓灌溉用水流向跟踪法，是指灌区从水源地口门引水后，水流沿着灌区的干、支、斗、农、毛五级渠道系统内分流利用，农田灌溉利用后，又由干、支、斗、农、毛五级排水沟道系统内排到承泄区的整个流动过程，全方位跟踪水流的流向，分析哪些因素会影响灌溉用水的消耗，发散思维，顺向扩散，根据关键流向环节再寻找灌溉耗水的主要因素，根据主要因素，再扩散到具体的影响因子，如图4.1所示。该方法的具体过程为“水源引水→灌区分流→农田利用→排水走向→进承泄区→因子组合→代表指标选择”。采用灌溉用水流向跟踪法的优点在于：找到每个灌溉引用、分配、用水、排

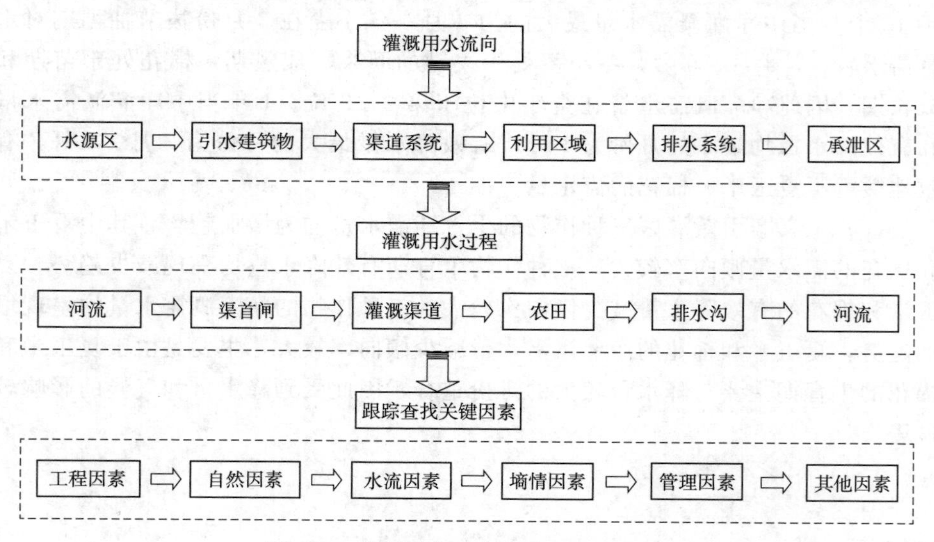

图4.1 灌溉用水流向跟踪法基本思路

水、流动的变化环节，确定灌溉用水流量减少的具体原因，从而能够较全面、符合逻辑地找到灌区真实耗水的多种影响因素和因子，不遗漏重要的影响因子，也不重复同类因子，确保评价指标体系的单一性、独立性、涵盖性和代表性。

4.1.2 灌区耗水影响因子识别

灌区用水过程从河流或水源地取水开始，经过引水工程、输配水工程到农田利用，由排水沟道系统汇集后，排入承泄区为止，沿着所有的用水关键节点，扩散寻找到耗水的相关影响因子，确保全面准确性。基于灌溉用水流向跟踪法对黄河引黄灌区的耗水影响因子进行分析，如图 4.2 所示。

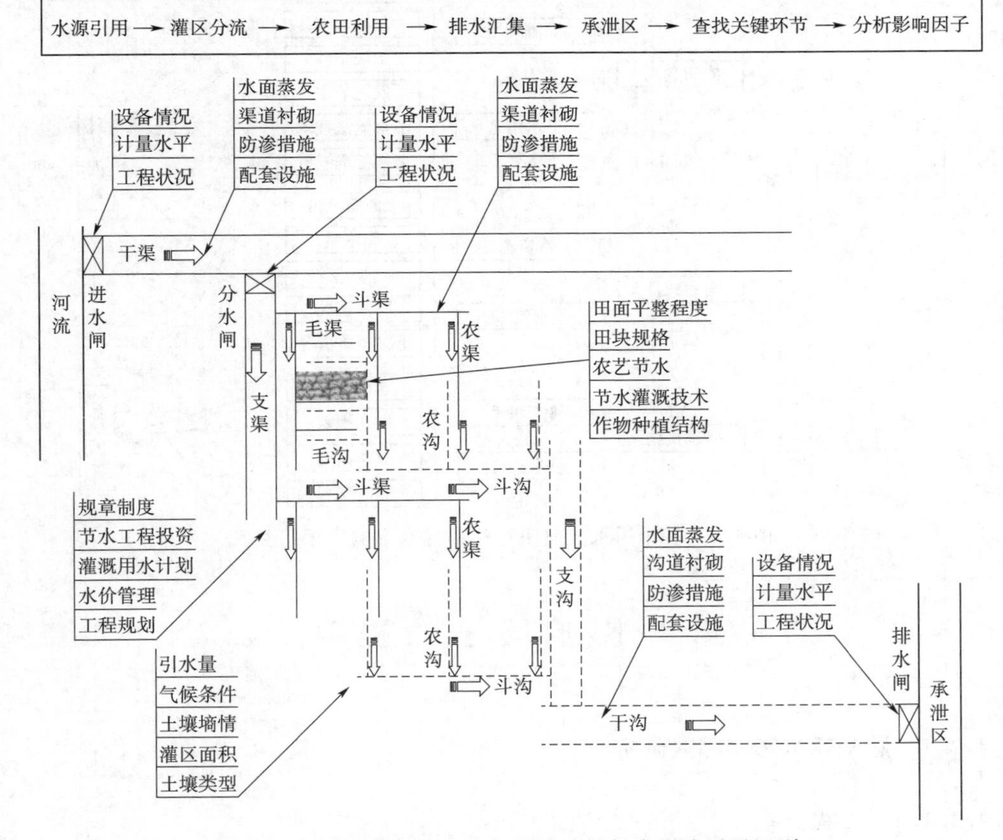

图 4.2 基于灌溉用水流向跟踪法的耗水影响因子识别

将基于灌溉用水流向跟踪法列出的耗水影响因子进行分析，并将耗水影响因子按照工程因素、自然因素和管理因素三大类进行归类，如图 4.3 所示。工程因素主要由引水闸及各口门的工程状况、计量设施、配套设施、渠道衬砌、渠道防渗、田块条件等构成；自然因素主要由土壤墒情、水面蒸发量、引水量、地下水资源、降水情况和土壤地质情况等构成；管理因素主要由农作物种植结构、农艺节水、节水灌溉技术、节水工程投资、水价管理、用水规划、规章制度、灌区规划等构成。

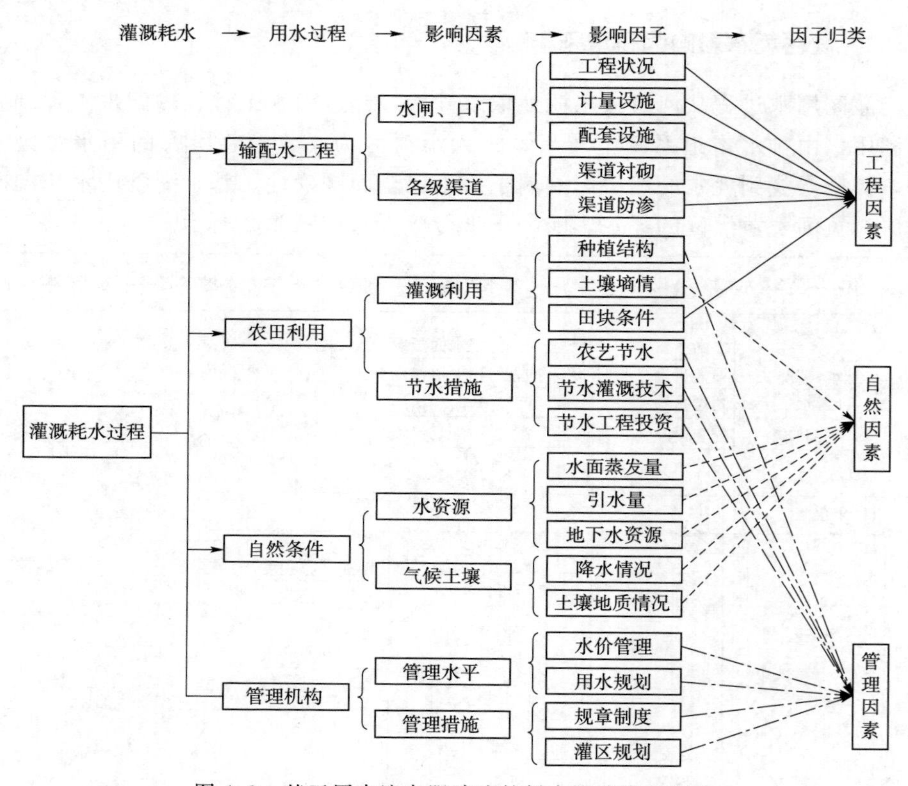

图 4.3　基于用水流向跟踪法的耗水影响因子归类

4.2　影响因子的提取

4.2.1　灌溉耗水影响因素分析

4.2.1.1　工程因素

（1）输配水工程。灌区灌溉用水有效利用系数，从水源地经由无坝引水枢纽或有坝引水枢纽进行引水利用，引水闸坝、分水闸、口门的工程状况、设计能力、运行状况、实际引水能力、水量计量精准程度、启闭设备的完备情况等，均对引水量有影响，从而影响水资源的消耗和利用。

(2) 渠道工程。灌区内的渠道一般分为干、支、斗、农、毛五级渠道，其中干、支为输水渠道，斗、农、毛为配水渠道，在灌区内渠道线长面广，因此渠道的规划、衬砌情况、防渗措施、完好状况、配套设施等，都会对灌溉用水的消耗和利用起着很重要的影响作用。

(3) 排水沟工程。灌区内的排水沟系统一般分为干、支、斗、农、毛五级排水沟，在灌区内与渠道相对应的布置，也是线长面广，因此排水系统的规划、衬砌情况、防渗措施、完好状况、配套设施等，都会对灌溉用水的消耗和利用起着很重要的影响作用。

(4) 农田工程。农田是灌区用水的核心区域，也是灌区工程的服务对象，因此农田的田块平整度、田块规格、垄沟情况等，都会显著影响水资源的消耗和利用。

4.2.1.2 非工程因素

(1) 管理水平。对于灌区用水而言，除了上述的工程因素和自然因素外，管理因素也是非常重要的影响因素。管理单位的管理水平、水价管理、用水规划等，都是对灌溉水的消耗起着关键作用的因素。

(2) 管理措施。管理措施是指灌区的管理单位的规章制度是否完善、机构设置是否合理、组织是否健全等因素。

(3) 节水措施。节水措施，是指灌区管理单位，有没有采取有效的节水技术、节水设施、节水教育等，以及这些措施的采用和落实情况。

4.2.2 灌区灌溉耗水影响因子

根据灌溉用水流向跟踪法对灌区耗水影响因子分析的结果，发现影响因子不仅涉及灌区引水、输水、配水等工程的许多方面，而且也涉及自然条件、管理水平等其他方面。为了保证影响因子的独立性、代表性，遵循各个影响因子既相互关联又不重复干扰、既分类合理又不交叉影响的原则，对灌区耗水影响因子进行归类提取。

将灌区耗水影响因子进行合并归类，分为工程因素和管理因素两大类。工程因素下设输配水工程、渠道工程、排水沟工程、农田工程等二级分项，自然因素下设水资源、气候、土壤等二级分项，管理因素下设管理水平、管理措施、节水措施等二级分项。具体的影响因子结构如图 4.4 所示。

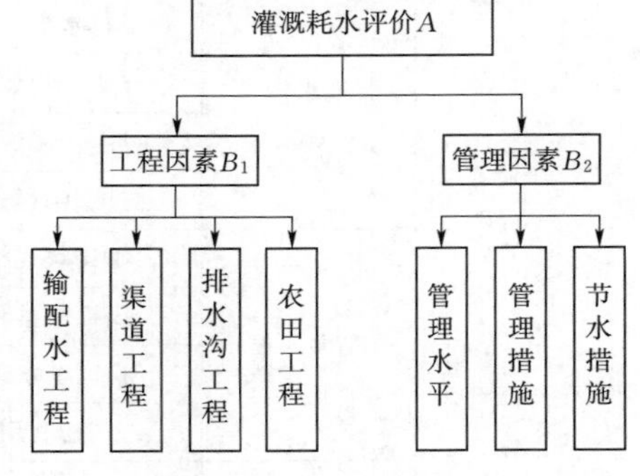

图 4.4 灌溉耗水具体影响因子结构图

4.3　灌区综合完备度评价指标的筛选

灌区灌溉耗水影响因素通过提取，得到 11 个影响因子，每个影响因子都可用若干个指标表示。评价指标的选择既要有代表性，又要便于获取数据，既相互联系又不重复干扰。指标的数量对于构建指标体系也很重要，如果指标数量太多，会有评价指标数据取得的难度加大，评价过程烦琐，计算量大等问题；而指标数量太少，会不具有代表性，或评价结果可信度降低。据此，选取灌区耗水的 11 个影响因子，每个影响因子用若干个指标表示，构成可选指标集，见表 4.1。

表 4.1 是灌区耗水评价工作的可选指标集，涵盖了几乎所有的灌区用水涉及的数据和因素，在构成评价指标体系时，应根据目标层、准则层和指标层的不同要求，评价时根据评价的侧重点、评价对象、适用情况的不同，进行评价指标识别、筛选和组合。

表 4.1　　　　灌区综合完备度评价可选指标集

影响因素	影响因子	具体代表指标	定量指标	定性指标	单位
工程因素	输配水工程	运行状况		√	
		配套设施完好率	√		%
		计量精准率	√		%
		实际引水量	√		m^3
		实际排水量	√		m^3
	渠道工程	渠道长度	√		m
		渠道数量	√		条
		渠道防渗措施	√		种
		渠道衬砌率	√		%
	排水沟工程	排水沟长度	√		m
		排水沟数量	√		条
		排水沟防渗措施	√		种
		排水沟衬砌率	√		%
	农田工程	田块规格	√		m^2
		田面平整程度		√	
		田间节水设施	√		种
		作物利用量	√		m^3
		其他指标			

续表

影响因素	影响因子	具体代表指标	定量指标	定性指标	单位
非工程因素	管理水平	水价管理		√	
		用水规划		√	
		灌区规划		√	
	管理措施	规章制度	√		个
		机构设置		√	
		组织健全		√	
		种植结构		√	
	节水措施	节水工程投资	√		万元
		节水灌溉技术使用率	√		%
		农艺节水使用率	√		%
		节水教育普及率	√		%
		其他指标			

4.4 灌区综合完备度评价指标体系的构建

4.4.1 指标体系构建原则

指标体系的建立要遵循如下原则：

(1) 目的明确。灌区灌溉用水有效利用系数评价指标体系应围绕高效利用评价这一目标，并由代表工程因素、自然因素和管理因素各组成部分的典型指标构成，同时还应与评价的层次性、动态性联系在一起，多方位、多角度地反映灌区灌溉用水有效利用系数的实际状况。

(2) 科学性和系统性。灌区对于区域经济发展而言，是重大的工程，涉及的利益很广。评价指标体系的设计要反映灌区工程的实际情况，反映影响灌溉用水有效利用系数的各个主要因素。各评价指标体系之间既有内在的联系，又有相对独立的内涵，要充分理解各指标之间的关系。

(3) 可行性和实用性。指标体系的设置要具有可操作性，所建立的指标应能方便地采集数据和收集实际情况，指标的项目不能太少，否则难以反映灌区工程的全貌，但指标的内容不应该面面俱到，避免计算过于繁复。因此，评价指标的选取和制定，既要科学合理、周密确切，又要方便适用、具有可操作性。指标体系设置要充分考虑灌区工程的所在区域、自然等特点。

(4) 时效性。指标体系不仅能够反映一定时期灌溉用水有效利用系数的实际情况，而且还能够同步反映灌溉用水有效利用系数的某些条件的变化情况。因此，指标体系又可以分为静态指标（自然条件、地质、土壤等）和动态指标（引水量、工程完善和管理水平的发展变化等）。

(5) 定性与定量相结合。影响灌溉用水有效利用系数的因素中，有些是可以量化的，有些只能定性描述。因此，指标体系的设计应当满足定性与定量相结合的原则。

4.4.2　灌区综合完备度评价指标体系

(1) 多目标多层次半结构性引黄灌区综合完备度评价指标体系。多目标是指引黄灌区综合完备度评价体系的总体目标是综合完备度评价，准则层又分为 2 个：工程因素和非工程因素；多层次是指评价指标体系由目标层、准则层和指标层 3 层构成；半结构性是指评价指标由定量和定性指标构成。

(2) 引黄灌区综合完备度评价指标体系共有 3 层，第 1 层是以引黄灌区综合完备度评价为目标层；第 2 层是准则层，分为工程因素、自然因素和管理因素；第 3 层是指标层，由定量指标和定性指标组成，如图 4.5 所示。

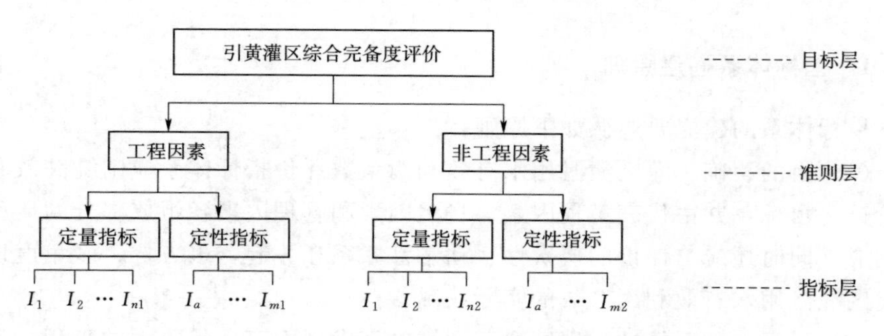

图 4.5　引黄灌区综合过完备度评价层次图

4.4.3　引黄灌区综合完备度评价指标

根据三义寨引黄灌区的区域特点，由于是针对同一个灌区进行多年综合完备度评价，在第 2 层分成工程完备度和管理完备度 2 个子系统，每个子系统又含有若干个的具体指标组成的可选指标集，涵盖了引黄灌区综合完备度具有代表性的影响因子，如图 4.6 所示。

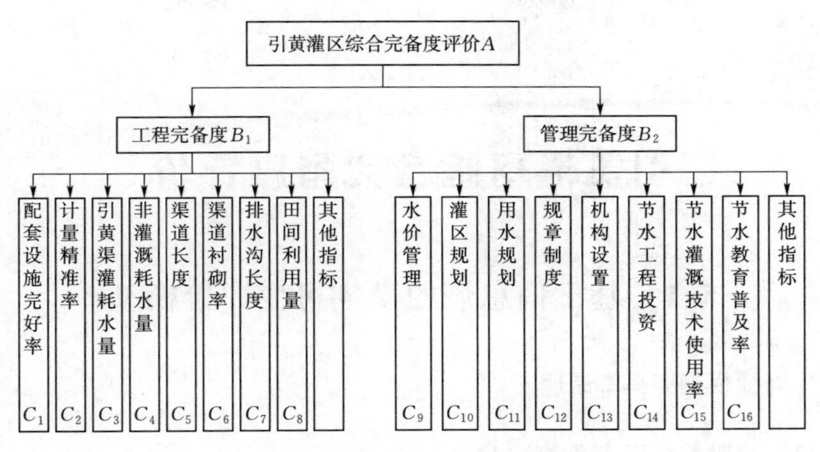

图 4.6　引黄灌区综合完备度评价指标体系

4.5 小　　结

本部分的研究内容，主要为基于灌溉用水流向跟踪法，构建了灌溉用水有效利用系数评价指标体系。灌溉用水流向跟踪法，是沿着灌区从水源引水后，水流在灌区的干、支、斗、农、毛五级渠道系统内分流利用，以及在干、支、斗、农、毛五级排水沟道系统内排到承泄区的整个流动过程，全方位跟踪水流的流向，分析哪些因素会影响灌溉用水有效利用效率，发散思维，顺向扩散，根据关键流向环节再寻找灌溉用水有效利用系数的主要因素，根据主要因素，再扩散到具体的影响因子。该方法的具体过程为“水源引水→灌区分流→农田利用→排水走向→进承泄区→因子组合→代表指标选择”。采用灌溉用水流向跟踪法的优点在于，找到每个灌溉用水引用、分配、流动的变化环节，确定灌溉用水流量减少的具体原因，从而能够较全面、符合逻辑地找到灌区用水有效利用系数的多种影响因素和因子，不遗漏重要的影响因子，也不重复同类因子，确保评价指标体系的单一性、独立性、涵盖性和代表性。灌溉用水有效利用系数评价指标体系共有 3 层，第 1 层是以灌溉用水有效利用系数评价为目标层；第 2 层是准则层，分为工程因素、自然因素和管理因素；第 3 层是指标层，由定量指标和定性指标组成。

第5章

引黄灌区综合完备度评价

5.1 基于信息熵的模糊可变评价模型

5.1.1 可变模糊集基本原理

5.1.1.1 相对差异度定义[60]

定义 1 设

$$D_{\underset{\sim}{A}}(u)=\mu_{\underset{\sim}{A}}(u)-\mu_{\underset{\sim}{A}^{c}}(u) \tag{5.1}$$

$D_{\underset{\sim}{A}}(u)$ 称 u 对 $\underset{\sim}{A}$ 的相对差异度。

映射

$$D_{\underset{\sim}{A}}:D\rightarrow[-1,1] \tag{5.2}$$

$u\mapsto D_{\underset{\sim}{A}}(u)\in[-1,1]$，称为 u 对 $\underset{\sim}{A}$ 的相对差异函数。

5.1.1.2 相对差异函数模型

设 $X_0=[a,\ b]$ 为实轴上的模糊可变集合 $\underset{\sim}{V}$ 的吸引域，即 $0<D_{\underset{\sim}{A}}(u)\leqslant 1$ 区间，$X=[c,\ d]$ 为包含 $X_0(X_0\subset X)$ 的某一上、下界范围域区间，如图 5.1 所示。

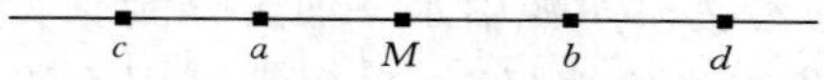

图 5.1 区间 X_0、X 的关系图

根据模糊可变集合 $\underset{\sim}{V}$ 的定义可知 $[c,\ a]$ 与 $[b,\ d]$ 均为 $\underset{\sim}{V}$ 的排斥域，即 $-1\leqslant D_{\underset{\sim}{A}}(u)<0$ 区间。设 M 为吸引域区间 $[a,\ b]$ 中 $D_{\underset{\sim}{A}}(u)=1$ 的点值。x 为 X 区间内的任意点的量值，则 x 落入 M 点右侧时，其相对差异度函数模型为

$$\begin{cases} D_{\underset{\sim}{A}}(u)=\left(\dfrac{x-b}{M-b}\right)^{\beta},x\in[M,b] \\ D_{\underset{\sim}{A}}(u)=-\left(\dfrac{x-b}{d-b}\right)^{\beta},x\in[b,d] \end{cases} \tag{5.3}$$

当 x 落入 M 点左侧时，其相对差异度函数模型为

$$\begin{cases} D_{\underset{\sim}{A}}(u)=\left(\dfrac{x-a}{M-a}\right)^{\beta},x\in[a,M] \\ D_{\underset{\sim}{A}}(u)=-\left(\dfrac{x-a}{c-a}\right)^{\beta},x\in[c,a] \end{cases} \tag{5.4}$$

$D_{\underset{\sim}{A}}(u)$ 确定后，根据式（5.5）可求解相对隶属度 $\mu_{\underset{\sim}{A}}(u)$。

$$\mu_{\underset{\sim}{A}}(u)=[1+D_{\underset{\sim}{A}}(u)]/2 \tag{5.5}$$

5.1.2 模糊可变评价计算过程

基于相对差异函数模型的模糊可变集合的灌区综合完备度评价计算过程为[61]：

（1）根据 c 个级别的标准值构建区间矩阵 $I_{ab}=([a,\ b]_{ih})$，$i=1,2,\cdots,m$；$h=1,2,\cdots,c$（m 为指标数，c 为级别数）。

（2）根据 I_{ab} 构造变动区间的范围值矩阵 $I_{cd}=([c,\ d]_{ih})$，$i=1,2,\cdots,m$；$h=1,2,\cdots,c$。

（3）确定指标 i 级别 h 的 M 矩阵。

（4）应用式（5.3）～式（5.5）以及矩阵 I_{ab}、I_{cd}、M 中的对应数据，计算指标 i 级别 h 的相对隶属度矩阵 $\mu_{\underset{\sim}{A}}(u)=(\mu_{\underset{\sim}{A}}(u)_{ih})$。

（5）采用熵值权向量[62] 确定目标权重 w。在信息论中熵值反映了信息无序化程度，其值越小系统无序度越小[63]。指标的熵值用式（5.6）计算，评价指标的熵值权向量用式（5.7）计算。

$$H_i=-\frac{1}{\ln n}\left[\sum_{j=1}^{n}f_{ij}\ln f_{ij}\right]\quad(i=1,2,\cdots,m;\ j=1,2,\cdots,n) \tag{5.6}$$

$$f_{ij}=\frac{1+b_{ij}}{\sum\limits_{j=1}^{n}(1+b_{ij})}$$

式中 H_i——指标 i 的熵值；

f_{ij}——熵值计算的参数。

$$\omega_i=\frac{1-H_i}{m-\sum\limits_{i=1}^{n}H_i}，且满足\sum_{i=1}^{m}\omega_i=1 \tag{5.7}$$

（6）利用模糊可变识别模型计算样本对各级别的综合相对隶属度。

$$u'_h=1/\left[1+\left(\frac{d_{gh}}{d_{bh}}\right)^{\alpha}\right] \tag{5.8}$$

式中

$$d_{gh}=\left\{\sum_{i=1}^{m}[w_i(1-\mu_{\underset{\sim}{A}}(u)_{ih})]^p\right\}^{\frac{1}{p}},$$

$$d_{bh}=\left\{\sum_{i=1}^{m}[w_i\mu_{\underset{\sim}{A}}(u)_{ih}]^p\right\}^{\frac{1}{p}}$$

（7）应用级别特征值公式计算评价样本的等级。

$$H=\left(u'_h/\sum_{h=1}^{c}u'_h\right)h \tag{5.9}$$

5.2　三义寨引黄灌区综合完备度指标体系

根据三义寨引黄灌区综合完备度评价可选指标集，将三义寨引黄灌区2005—2014年共计10年的数据进行整理和汇总，见表5.1。

表 5.1　三义寨引黄灌区综合完备度评价指标数据（2005—2014年）

因素	指标名称	代码	2005年	2006年	2007年	2008年	2009年
工程因素	配套设施完好率/%	I_1	36.37	37.04	38.13	41.45	42.26
	计量精准率	I_2	95%以上	95%以上	95%以上	95%以上	95%以上
	实际引水量/万 m^3	I_3	13803	18696	13323	12260	26372
	实际排水量/万 m^3	I_4	0	0	0	0	0
	渠道长度/km	I_5	5676.80	5676.80	5676.80	5677.05	6340.23
	渠道衬砌率/%	I_6	1.68	1.68	1.68	1.69	1.55
	排水沟长度/m	I_7	0	0	0	0	0
	实际灌溉面积/万亩	I_9	80.17	85.00	94.87	230.18	223.5
管理因素	水价管理	I_{13}	不太理想	不太理想	不太理想	不太理想	较理想
	用水规划	I_{14}	有规划，执行好	有规划，执行好	有规划，执行好	有规划，执行好	有规划，执行好
	灌区规划	I_{15}	有规划	有规划	有规划	有规划	有规划
	规章制度	I_{16}	比较健全	比较健全	比较健全	比较健全	比较健全
	机构设置	I_{17}	6	6	6	6	7
	节水工程投资/万元	I_{18}	2400	800	1200	4400	1670
	节水技术使用率/%	I_{19}	—	—	—	—	—
	节水教育普及率/%	I_{20}	—	—	—	—	—
因素	指标名称	代码	2010年	2011年	2012年	2013年	2014年
工程因素	配套设施完好率/%	I_1	44.63	45.44	50.33	50.57	53.56
	计量精准率	I_2	95%以上	95%以上	95%以上	95%以上	95%以上
	实际引水量/万 m^3	I_3	33981	37597	40160	43877	46666
	实际排水量/万 m^3	I_4	0	0	0	0	0
	渠道长度/km	I_5	6356.05	6426.02	6426.06	6469.23	6496.60
	渠道衬砌率/%	I_6	1.8	2.4	2.4	3.05	3.46
	排水沟长度/m	I_7	0	0	0	0	0
	实际灌溉面积/万亩	I_9	223.5	251.25	251.85	222.65	187.68

续表

因素	指标名称	代码	2010 年	2011 年	2012 年	2013 年	2014 年
管理因素	水价管理	I_{13}	较理想	较理想	理想	理想	理想
	用水规划	I_{14}	有规划，执行好	有规划，执行好	有规划，执行好	有规划，执行好	有规划，执行好
	灌区规划	I_{15}	有规划	有规划	有规划	有规划	有规划
	规章制度	I_{16}	比较健全	补充健全	健全	健全	健全
	机构设置	I_{17}	7	7	7	7	7
	节水工程投资/万元	I_{18}	2857	1948	6493	6104	7143
	节水技术使用率/%	I_{19}	—	—	—	—	—
	节水教育普及率/%	I_{20}	—	—	—	—	—

根据三义寨引黄灌区工程的运用特点和提供的基础数据，对于工程因素、非工程因素的 2 个子系统，共 16 个指标进行了分析和说明，确定是否利用该指标进行评价计算。具体指标特性说明见表 5.2。

表 5.2　三义寨引黄灌区综合完备度评价指标说明

影响因素	具体代表指标	代码	定量指标	定性指标	说　明
工程因素	配套设施完好率/%	I_1	√		
	计量精准率/%	I_2	√		因指标数据相同，取消该指标
	实际引水量/万 m^3	I_3	√		
	实际排水量/万 m^3	I_4	√		无此数据，取消该指标
	渠道长度/km	I_5	√		
	渠道衬砌率/%	I_6	√		
	排水沟长度/m	I_7	√		无此数据，取消该指标
	实际灌溉面积/万亩	I_8	√		
非工程因素	水价管理	I_9		√	
	用水规划	I_{10}		√	因指标描述相同，取消该指标
	灌区规划	I_{11}		√	因指标描述相同，取消该指标
	规章制度	I_{12}		√	
	机构设置	I_{13}	√		
	节水工程投资/万元	I_{14}	√		
	节水技术使用率/%	I_{15}	√		因无数据，取消该指标
	节水教育普及率/%	I_{16}	√		因无数据，取消该指标

在 10 年的计算时间段里，在工程因素子系统中，由于计量精准率指标数据相同，实际排水量、排水沟长度这 2 个指标在三义寨引黄灌区中没有设置，因此这 3 个指标不具备代表性和差异性，取消这 3 个指标；在管理因素子系统中，由于用水规划、灌区规划这 2 个指标描述的内容相同，节水技术使用率、节水教育普及率这 2 个指标无数据，因此取消这 4 个指标。最终构建的评价指标体系为半结构性指标体系，共有 9 个指标，其中定量指标 7 个，定性指标 2 个，见表 5.3。

表 5.3　三义寨引黄灌区综合完备度评价半结构性评价指标体系

因素	指标名称	代码	2005 年	2006 年	2007 年	2008 年	2009 年
工程因素	配套设施完好率/%	I_1	36.37	37.04	38.13	41.45	42.26
	实际引水量/万 m^3	I_2	13803	18696	13323	12260	26372
	渠道长度/km	I_3	5676.80	5676.80	5676.80	5677.05	6340.23
	渠道衬砌率/%	I_4	1.68	1.68	1.68	1.69	1.55
	实际灌溉面积/万亩	I_5	80.17	85.00	94.87	230.18	223.5
非工程因素	水价管理	I_6	不太理想	不太理想	不太理想	不太理想	较理想
	规章制度	I_7	不太健全	不太健全	不太健全	不太健全	不太健全
	机构设置	I_8	6	6	6	6	7
	节水工程投资/万元	I_9	2400	800	1200	4400	1670
因素	指标名称	代码	2010 年	2011 年	2012 年	2013 年	2014 年
工程因素	配套设施完好率/%	I_1	44.63	45.44	50.33	50.57	53.56
	实际引水量/万 m^3	I_2	33981	37597	40160	43877	46666
	渠道长度/km	I_3	6356.05	6426.02	6426.06	6469.23	6496.60
	渠道衬砌率/%	I_4	1.8	2.4	2.4	3.05	3.46
	实际灌溉面积/万亩	I_5	223.5	251.25	251.85	222.65	187.68
非工程因素	水价管理	I_6	较理想	较理想	理想	理想	理想
	规章制度	I_7	不太健全	补充健全	较健全	较健全	较健全
	机构设置	I_8	7	7	7	7	7
	节水工程投资/万元	I_9	2857	1948	6493	6104	7143

根据模糊语气算子与模糊标度、相对隶属度之间的对应关系，由于非工程因素的水价管理指标 I_6 和规章制度指标 I_7 这两个指标均为递增型指标，因此选择模糊标度进行赋值，将原半结构性指标体系转化为全结构性指标体系，见表 5.4。

表 5.4 三义寨引黄灌区综合完备度评价指标体系

因素	指标名称	代码	2005 年	2006 年	2007 年	2008 年	2009 年
工程因素	配套设施完好率/%	I_1	36.37	37.04	38.13	41.45	42.26
	实际引水量/万 m^3	I_2	1.38	1.87	1.33	1.23	2.64
	渠道长度/km	I_3	5676.80	5676.80	5676.80	5677.05	6340.23
	渠道衬砌率/%	I_4	1.68	1.68	1.68	1.69	1.55
	实际灌溉面积/万亩	I_5	80.17	85.00	94.87	230.18	223.5
非工程因素	水价管理	I_6	0.525	0.525	0.525	0.525	0.675
	规章制度	I_7	0.575	0.575	0.575	0.575	0.575
	机构设置	I_8	6	6	6	6	7
	节水工程投资/万元	I_9	2400	800	1200	4400	1670
因素	指标名称	代码	2010 年	2011 年	2012 年	2013 年	2014 年
工程因素	配套设施完好率/%	I_1	44.63	45.44	50.33	50.57	53.56
	实际引水量/万 m^3	I_2	3.40	3.76	4.02	4.39	4.67
	渠道长度/km	I_3	6356.05	6426.02	6426.06	6469.23	6496.60
	渠道衬砌率/%	I_4	1.8	2.4	2.4	3.05	3.46
	实际灌溉面积/万亩	I_5	223.5	251.25	251.85	222.65	187.68
非工程因素	水价管理	I_6	0.675	0.675	0.725	0.725	0.725
	规章制度	I_7	0.575	0.60	0.65	0.65	0.65
	机构设置	I_8	7	7	7	7	7
	节水工程投资/万元	I_9	2857	1948	6493	6104	7143

5.3 三义寨引黄灌区综合完备度评价计算

5.3.1 确定综合完备度分级标准

结合三义寨引黄灌区的实际情况和平均水平，综合完备度评价分为 5 级，Ⅰ级为极优，Ⅱ级为较优，Ⅲ级为中等，Ⅳ级为较差，Ⅴ级为极差。结合工程的实际情况，制定了评价指标的 5 级对应标准，此标准对于一些共性指标具有一定的适用性，为不同区域评价结果进行对比提供了可行性。

对于工程因素的第一个指标 I_1 配套设施完好率的分级标准，0 是最差，以 20%为阶梯递增对应 5 个等级，100%是最优；第二个指标 I_2 实际引水量的分级标准，灌区的设计引水量9.6亿m^3为最优，0为最差，以20%为阶梯递增对应5个等级，100%即达到9.6亿m^3为最优；第三个指标I_3渠道长度的分级标准，灌区的设计渠道长7500km为最优，0为最差，以20%为阶梯递增对应5个等级，100%即达到7500km为最优；第四个指标I_4渠道衬砌率的分级标准，0%是最差，以20%为阶梯递增对应5个等级，100%是最优；第五个指标I_5实际灌溉面积的分级标准，以灌区的设计灌溉面积340.05万亩为最优，0为最差，以20%为阶梯递增对应5个等级，100%即达到340.05万亩为最优。

对于非工程因素的第一个指标I_6水价管理的分级标准，分别以优、良、中、可、劣对应的5级标准来确定，0是最差，以0.2为阶梯递增对应5个等级，1.0是最优；第二个指标I_7规章制度的分级标准，0是最差，以0.2为阶梯递增对应5个等级，1.0是最优；第三个指标I_8机构设置的分级标准，0～2个是最差，以2个为阶梯递增对应4个等级，8～15个是最优；第四个指标I_9节水工程投资的分级标准，1000万以下是最差，以2000万为阶梯递增对应4个等级，7000万～1亿是最优。

确定的引黄灌区综合完备度评价5级分级标准，见表5.5。

表5.5　引黄灌区综合完备度评价指标5级分级标准

指标	指标类型	Ⅰ级（极差）	Ⅱ级（较差）	Ⅲ级（中等）	Ⅳ级（较优）	Ⅴ级（极优）
I_1	递增型	0～20	20～40	40～60	60～80	80～100
I_2	递增型	0.00～1.92	1.92～3.84	3.84～5.76	5.76～7.68	7.68～9.60
I_3	递增型	0～1500	1500～3000	3000～4500	4500～6000	6000～7500
I_4	递增型	0～20	20～40	40～60	60～80	80～100
I_5	递增型	0～68.01	68.01～136.02	136.02～204.03	204.03～272.04	272.04～340.05
I_6	递增型	0～0.2	0.2～0.4	0.4～0.6	0.6～0.8	0.8～1.0
I_7	递增型	0～0.2	0.2～0.4	0.4～0.6	0.6～0.8	0.8～1.0
I_8	递增型	0～2	2～4	4～6	6～8	8～15
I_9	递增型	0～1000	1000～2000	2000～4000	4000～6000	6000～10000

注　越大越优型指标为递增型指标，越小越优型指标为递减型指标。

5.3.2　确定标准值构建区间矩阵I_{ab}

根据表5.2提供的引黄灌区综合完备度评价指标标准，构建模糊可变集合评价的标准值区间矩阵I_{ab}。

$$I_{ab}=\begin{bmatrix}[0,20] & [20,40] & [40,60] & [60,80] & [80,100]\\ [0.00,1.92] & [1.92,3.94] & [3.84,5.76] & [5.76,7.68] & [7.68,9.60]\\ [0,1500] & [1500,3000] & [3000,4500] & [4500,6000] & [6000,7500]\\ [0,20] & [20,40] & [40,60] & [60,80] & [80,100]\\ [0.00,68.01] & [68.01,136.02] & [136.02,204.03] & [204.03,272.04] & [272.04,340.05]\\ [0.0,0.2] & [0.2,0.4] & [0.4,0.6] & [0.6,0.8] & [0.8,1.0]\\ [0.0,0.2] & [0.2,0.4] & [0.4,0.6] & [0.6,0.8] & [0.8,1.0]\\ [0,2] & [2,4] & [4,6] & [6,8] & [8,15]\\ [0,1000] & [1000,2000] & [2000,4000] & [4000,6000] & [7000,10000]\end{bmatrix}=([a,b]_{ih})$$

5.3.3 根据 I_{ab} 构建变动区间的范围值矩阵 I_{cd}

根据表 5.2 显示的 9 个指标对应的 5 级分级标准，构建模糊可变集合评价的标准值区间矩阵 I_{cd}。

$$I_{cd}=\begin{bmatrix}[0,40] & [0,60] & [20,80] & [40,100] & [60,100]\\ [0.00,3.94] & [0.00,5.76] & [1.92,7.68] & [3.84,9.60] & [5.76,9.60]\\ [0,3000] & [0,4500] & [1500,6000] & [3000,7500] & [4500,7500]\\ [0,40] & [0,60] & [20,80] & [40,100] & [60,100]\\ [0.00,136.02] & [0.00,204.03] & [68.01,272.04] & [136.02,340.05] & [204.03,340.05]\\ [0.0,0.4] & [0.0,0.6] & [0.2,0.8] & [0.4,1.0] & [0.6,1.0]\\ [0.0,0.4] & [0.0,0.6] & [0.2,0.8] & [0.4,1.0] & [0.6,1.0]\\ [0,4] & [0,6] & [2,8] & [4,15] & [6,15]\\ [0,2000] & [0,4000] & [1000,6000] & [2000,10000] & [4000,10000]\end{bmatrix}=([c,d]_{ih})$$

5.3.4 确定指标 i 级别 h 的 M 矩阵

$$M=\begin{bmatrix}0 & 20 & 50 & 80 & 100\\ 0 & 1.92 & 4.80 & 7.68 & 9.60\\ 0 & 1500 & 3750 & 6000 & 7500\\ 0 & 20 & 50 & 80 & 100\\ 0 & 68.01 & 170.03 & 272.04 & 340.05\\ 0 & 0.2 & 0.5 & 0.8 & 1\\ 0 & 0.2 & 0.5 & 0.8 & 1\\ 0 & 2 & 5 & 8 & 15\\ 0 & 1000 & 3000 & 6000 & 10000\end{bmatrix}=(M_{ih})$$

5.3.5 计算样本对各级别的相对隶属度

应用式（5.3）～式（5.5）以及矩阵 I_{ab}、I_{cd}、M 中的对应数据，计算指标 i 级别 h 的相对隶属度矩阵。根据三义寨引黄灌区 2005 年的 9 个指标的数值，经过矩阵 I_{ab}、I_{cd} 与 M 判断评价指标落入点 M 的左侧还是右侧，选用公式计算指标对等级标准的差异函数，并计算各个指标对级别 $h=1，2，3，4，5$ 的指标相对隶属度为

$$\mu_{\underset{\sim}{A}}(u)_{ih9\times5}=\begin{bmatrix}0.091 & 0.591 & 0.409 & 0 & 0\\0.563 & 0.359 & 0 & 0 & 0\\0 & 0 & 0.108 & 0.892 & 0.392\\0.958 & 0.042 & 0 & 0 & 0\\0.411 & 0.911 & 0.089 & 0 & 0\\0 & 0.188 & 0.875 & 0.313 & 0\\0 & 0.063 & 0.625 & 0.438 & 0\\0 & 0 & 0.250 & 0.5 & 0\\0 & 0.4 & 0.7 & 0.1 & 0\end{bmatrix}$$

根据三义寨引黄灌区 2006 年的 9 个指标的数值，经过矩阵 I_{ab}、I_{cd} 与 M 判断评价指标落入点 M 的左侧还是右侧，选用公式计算指标对等级标准的差异函数，并计算各个指标对级别 $h=1，2，3，4，5$ 的指标相对隶属度为

$$\mu_{\underset{\sim}{A}}(u)_{ih9\times5}=\begin{bmatrix}0.074 & 0.574 & 0.426 & 0 & 0\\0.563 & 0.487 & 0 & 0 & 0\\0 & 0 & 0.108 & 0.892 & 0.392\\0.958 & 0.042 & 0 & 0 & 0\\0.375 & 0.875 & 0.125 & 0 & 0\\0 & 0.188 & 0.875 & 0.313 & 0\\0 & 0.063 & 0.625 & 0.438 & 0\\0 & 0 & 0.250 & 0.5 & 0\\0.6 & 0.4 & 0 & 0 & 0\end{bmatrix}$$

根据三义寨引黄灌区 2007 年的 9 个指标的数值，经过矩阵 I_{ab}、I_{cd} 与 M 判断评价指标落入点 M 的左侧还是右侧，选用公式计算指标对等级标准的差异函数，并计算各个指标对级别 $h=1，2，3，4，5$ 的指标相对隶属度为

$$\mu_{\underset{\sim}{A}}(u)_{ih9\times5}=\begin{bmatrix}0.047 & 0.547 & 0.453 & 0 & 0\\0.563 & 0.346 & 0 & 0 & 0\\0 & 0 & 0.108 & 0.892 & 0.392\\0.958 & 0.042 & 0 & 0 & 0\\0.303 & 0.803 & 0.197 & 0 & 0\\0 & 0.188 & 0.875 & 0.313 & 0\\0 & 0.063 & 0.625 & 0.438 & 0\\0 & 0 & 0.250 & 0.5 & 0\\0.4 & 0.9 & 0.1 & 0 & 0\end{bmatrix}$$

根据三义寨引黄灌区 2008 年的 9 个指标的数值，经过矩阵 I_{ab}、I_{cd} 与 M 判断评价指标落入点 M 的左侧还是右侧，选用公式计算指标对等级标准的差异函数，并计算各个指标对级别 $h=1, 2, 3, 4, 5$ 的指标相对隶属度为

$$\underset{\sim}{\mu_A}(u)_{ih9\times5}=\begin{bmatrix} 0 & 0.464 & 0.573 & 0.036 & 0 \\ 0.56 & 0.32 & 0 & 0 & 0 \\ 0 & 0 & 0.108 & 0.892 & 0.392 \\ 0.958 & 0.042 & 0 & 0 & 0 \\ 0 & 0 & 0.308 & 0.692 & 0.192 \\ 0 & 0.188 & 0.875 & 0.313 & 0 \\ 0 & 0.063 & 0.625 & 0.438 & 0 \\ 0 & 0 & 0.250 & 0.5 & 0 \\ 0 & 0 & 0.4 & 0.6 & 0.067 \end{bmatrix}$$

根据三义寨引黄灌区 2009 年的 9 个指标的数值，经过矩阵 I_{ab}、I_{cd} 与 M 判断评价指标落入点 M 的左侧还是右侧，选用公式计算指标对等级标准的差异函数，并计算各个指标对级别 $h=1, 2, 3, 4, 5$ 的指标相对隶属度为

$$\underset{\sim}{\mu_A}(u)_{ih9\times5}=\begin{bmatrix} 0 & 0.444 & 0.613 & 0.056 & 0 \\ 0.322 & 0.822 & 0.188 & 0 & 0 \\ 0 & 0 & 0 & 0.387 & 0.613 \\ 0.961 & 0.039 & 0 & 0 & 0 \\ 0 & 0 & 0.357 & 0.643 & 0.143 \\ 0 & 0 & 0.313 & 0.688 & 0.188 \\ 0 & 0.063 & 0.625 & 0.438 & 0 \\ 0 & 0 & 0.250 & 0.5 & 0 \\ 0.165 & 0.665 & 0.335 & 0 & 0 \end{bmatrix}$$

根据三义寨引黄灌区 2010 年的 9 个指标的数值，经过矩阵 I_{ab}，I_{cd} 与 M 判断评价指标落入点 M 的左侧还是右侧，选用公式计算指标对等级标准的差异函数，并计算各个指标对级别 $h=1, 2, 3, 4, 5$ 的指标相对隶属度为

$$\underset{\sim}{\mu_A}(u)_{ih9\times5}=\begin{bmatrix} 0 & 0.384 & 0.732 & 0.116 & 0 \\ 0.134 & 0.634 & 0.385 & 0 & 0 \\ 0 & 0 & 0 & 0.381 & 0.619 \\ 0.955 & 0.045 & 0 & 0 & 0 \\ 0 & 0 & 0.357 & 0.643 & 0.143 \\ 0 & 0 & 0.313 & 0.688 & 0.188 \\ 0 & 0.063 & 0.625 & 0.438 & 0 \\ 0 & 0 & 0.125 & 0.875 & 0.25 \\ 0 & 0.286 & 0.929 & 0.214 & 0 \end{bmatrix}$$

根据三义寨引黄灌区 2011 年的 9 个指标的数值，经过矩阵 I_{ab}、I_{cd} 与 M 判断评价指标落入点 M 的左侧还是右侧，选用公式计算指标对等级标准的差异函数，并计算各个指标对级别 $h=1$，2，3，4，5 的指标相对隶属度为

$$\mu_{\underset{\sim}{A}}(u)_{ih9\times5}=\begin{bmatrix} 0 & 0.384 & 0.732 & 0.116 & 0 \\ 0.134 & 0.634 & 0.385 & 0 & 0 \\ 0 & 0 & 0 & 0.381 & 0.619 \\ 0.955 & 0.045 & 0 & 0 & 0 \\ 0 & 0 & 0.357 & 0.643 & 0.143 \\ 0 & 0 & 0.313 & 0.688 & 0.188 \\ 0 & 0.063 & 0.625 & 0.438 & 0 \\ 0 & 0 & 0.125 & 0.875 & 0.25 \\ 0 & 0.286 & 0.929 & 0.214 & 0 \end{bmatrix}$$

根据三义寨引黄灌区 2012 年的 9 个指标的数值，经过矩阵 I_{ab}、I_{cd} 与 M 判断评价指标落入点 M 的左侧还是右侧，选用公式计算指标对等级标准的差异函数，并计算各个指标对级别 $h=1$，2，3，4，5 的指标相对隶属度为

$$\mu_{\underset{\sim}{A}}(u)_{ih9\times5}=\begin{bmatrix} 0 & 0.242 & 0.984 & 0.258 & 0 \\ 0 & 0.478 & 0.594 & 0.047 & 0 \\ 0 & 0 & 0 & 0.358 & 0.642 \\ 0.94 & 0.06 & 0 & 0 & 0 \\ 0 & 0 & 0.148 & 0.854 & 0.352 \\ 0 & 0 & 0.188 & 0.813 & 0.313 \\ 0 & 0 & 0.375 & 0.625 & 0.125 \\ 0 & 0 & 0.125 & 0.875 & 0.250 \\ 0 & 0 & 0 & 0.438 & 0.416 \end{bmatrix}$$

根据三义寨引黄灌区 2013 年的 9 个指标的数值，经过矩阵 I_{ab}、I_{cd} 与 M 判断评价指标落入点 M 的左侧还是右侧，选用公式计算指标对等级标准的差异函数，并计算各个指标对级别 $h=1$，2，3，4，5 的指标相对隶属度为

$$\mu_{\underset{\sim}{A}}(u)_{ih9\times5}=\begin{bmatrix} 0 & 0.236 & 0.972 & 0.264 & 0 \\ 0 & 0.376 & 0.784 & 0.143 & 0 \\ 0 & 0 & 0 & 0.344 & 0.656 \\ 0.924 & 0.076 & 0 & 0 & 0 \\ 0 & 0 & 0.363 & 0.637 & 0.137 \\ 0 & 0 & 0.188 & 0.813 & 0.313 \\ 0 & 0 & 0.375 & 0.625 & 0.125 \\ 0 & 0 & 0.125 & 0.875 & 0.250 \\ 0 & 0 & 0 & 0.487 & 0.351 \end{bmatrix}$$

根据三义寨引黄灌区 2014 年的 9 个指标的数值，经过矩阵 I_{ab}、I_{cd} 与 M 判断评价指标落入点 M 的左侧还是右侧，选用公式计算指标对等级标准的差异函数，并计算各个指标对级别 $h=1, 2, 3, 4, 5$ 的指标相对隶属度为

$$\mu_{\underset{\sim}{A}}(u)_{ih9\times5}=\begin{bmatrix} 0 & 0.161 & 0.822 & 0.339 & 0 \\ 0 & 0.299 & 0.932 & 0.216 & 0 \\ 0 & 0 & 0 & 0.334 & 0.666 \\ 0.914 & 0.086 & 0 & 0 & 0 \\ 0 & 0.120 & 0.740 & 0.380 & 0 \\ 0 & 0 & 0.188 & 0.813 & 0.313 \\ 0 & 0 & 0.375 & 0.625 & 0.125 \\ 0 & 0 & 0.125 & 0.875 & 0.250 \\ 0 & 0 & 0 & 0.357 & 0.524 \end{bmatrix}$$

5.3.6 确定指标权向量

为了对比评价结果，选择 3 种方法进行指标权向量计算。第一种方法为系统等权向量法，设定工程因素和非工程因素 2 个子系统为等权向量（分别为 0.5，0.5），权向量如下：

$$\omega_1=(0.100,0.100,0.100,0.100,0.100,0.125,0.125,0.125,0.125)$$

$$\omega_2=(0.111,0.111,0.111,0.111,0.111,0.111,0.111,0.111,0.112)$$

$$\omega_3=(0.020,0.150,0.060,0.050,0.200,0.130,0.170,0.080,0.140)$$

第二种方法为指标等权向量法，认为 9 个指标的权向量完全相同，则每个指标的权向量为 0.048。

第三种方法为熵值权向量法，利用式（5.3）～式（5.6）计算 9 个指标的熵值权向量。

5.3.7 计算各级别综合相对隶属度 u_h'

采用式（5.6）～式（5.9）及矩阵 I_{ab}、I_{cd}、M 中的对应数据，计算指标 i 级别 h 的相对隶属度矩阵。采用式（5.8）计算各指标综合相对隶属度。根据模糊可变评价模型类型，取 $\alpha=1$、$p=1$ 计算 u_h'。为了对比权向量对评价结果的影响，分别采用系统等权向量法、指标等权向量法、熵值权向量法 3 种权向量法进行相对隶属度计算并进行归一化处理，结果见表 5.6。

5.3.8 计算样本级别特征值

通过对比发现，采用 3 种不同权向量法的计算结果稍有不同，因此取其平均值并判断所属级别。采用式（5.9）计算不同区域的级别特征值，结果见

表 5.7。

表 5.6　　三义寨引黄灌区综合完备度的相对隶属度计算结果（$\alpha=1$、$p=1$）

年份	系统等权向量法					指标等权向量法				
	Ⅰ级	Ⅱ级	Ⅲ级	Ⅳ级	Ⅴ级	Ⅰ级	Ⅱ级	Ⅲ级	Ⅳ级	Ⅴ级
2005	0.175	0.244	0.339	0.230	0.012	0.196	0.256	0.312	0.221	0.015
2006	0.248	0.255	0.260	0.221	0.015	0.260	0.267	0.242	0.212	0.018
2007	0.208	0.288	0.278	0.216	0.010	0.223	0.293	0.261	0.209	0.015
2008	0.133	0.095	0.349	0.375	0.048	0.149	0.101	0.330	0.367	0.053
2009	0.119	0.192	0.261	0.329	0.100	0.132	0.197	0.255	0.313	0.103
2010	0.074	0.115	0.361	0.355	0.096	0.087	0.123	0.352	0.339	0.099
2011	0.076	0.137	0.291	0.369	0.128	0.086	0.140	0.287	0.355	0.132
2012	0.061	0.045	0.226	0.463	0.205	0.071	0.053	0.235	0.441	0.200
2013	0.061	0.037	0.267	0.457	0.178	0.044	0.280	0.433	0.172	0.044
2014	0.057	0.032	0.301	0.426	0.184	0.066	0.039	0.318	0.403	0.174

年份	熵值权向量法				
	Ⅰ级	Ⅱ级	Ⅲ级	Ⅳ级	Ⅴ级
2005	0.182	0.306	0.336	0.188	−0.011
2006	0.261	0.321	0.248	0.177	−0.008
2007	0.214	0.351	0.273	0.173	−0.012
2008	0.111	0.074	0.355	0.411	0.050
2009	0.085	0.204	0.282	0.353	0.076
2010	0.031	0.119	0.394	0.381	0.074
2011	0.031	0.139	0.293	0.412	0.126
2012	0.015	0.048	0.205	0.515	0.217
2013	0.018	0.037	0.280	0.496	0.169
2014	0.008	0.039	0.365	0.430	0.158

表 5.7　　三义寨引黄灌区综合完备度评价结果

年份	系统等权向量法	指标等权向量法	熵值权向量法	平均值	级别	灌区综合完备度分值/分
2005	2.661	2.603	2.496	2.587	Ⅱ（较差）	47.60
2006	2.450	2.461	2.317	2.409	Ⅱ（较差）	42.28
2007	2.531	2.498	2.368	2.466	Ⅱ（较差）	43.97
2008	3.108	3.074	3.216	3.133	Ⅲ（中等）	62.65
2009	3.100	3.061	3.129	3.097	Ⅲ（中等）	61.93

续表

年份	系统等权向量法	指标等权向量法	熵值权向量法	平均值	级别	灌区综合完备度分值/分
2010	3.285	3.241	3.347	3.291	Ⅲ（中等）	65.82
2011	3.335	3.307	3.463	3.368	Ⅲ（中等）	67.37
2012	3.705	3.646	3.871	3.741	Ⅲ（中等）	74.81
2013	3.654	3.591	3.763	3.669	Ⅲ（中等）	73.39
2014	3.648	3.579	3.690	3.639	Ⅲ（中等）	72.78

5.3.9 评价结果

模糊可变评价方法能够有效确定灌区在工程因素和非工程因素两个方面的综合完备度。设定的5级评价标准为区间值，充分利用每个指标、数据、参评因子所携带的有效信息，对5个等级的分级界限利用模糊可变的判别方法，从而使评价结果更加精确和科学。相比简单的级别判断，其评价结果为更精准的级别定位，对灌区综合完备度的评价结果更加直观、明确。

根据评价结果，2005年、2006年、2007年这三年三义寨引黄灌区的综合完备度为Ⅱ级（较差），2008年、2009年、2010年、2011年、2012年、2013年、2014年的综合完备度为Ⅲ级（中等）（图5.2）。模糊可变评价方法对细小的差异进行识别，并获得准确的评价等级，对于每个年份不仅准确地评价出级别，还可以评价出同在一个级别，比如Ⅱ级、Ⅲ级，为引黄灌区找到自身存在的短板，更好地完善和发展提供可靠的数据基础。

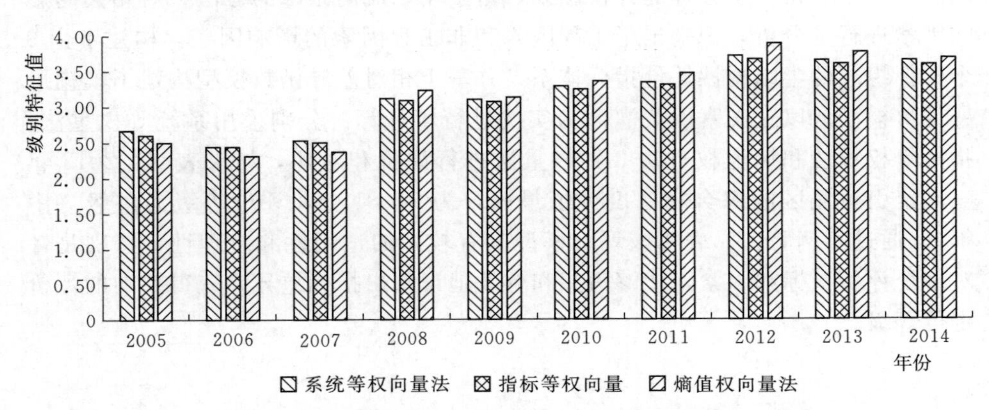

图5.2 三义寨引黄灌区综合完备度评价三种权向量方法级别特征值

为了更直观地表现三义寨引黄灌区包含工程因素和非工程因素在内的综合完备度，从2004年开始动态地观察灌区的完善情况，并将评价结果进行分值化处理。由图 5.3 可以看出，2005—2014 年 10 年间，三义寨引黄灌区在综合完备度方面的动态变化过程。

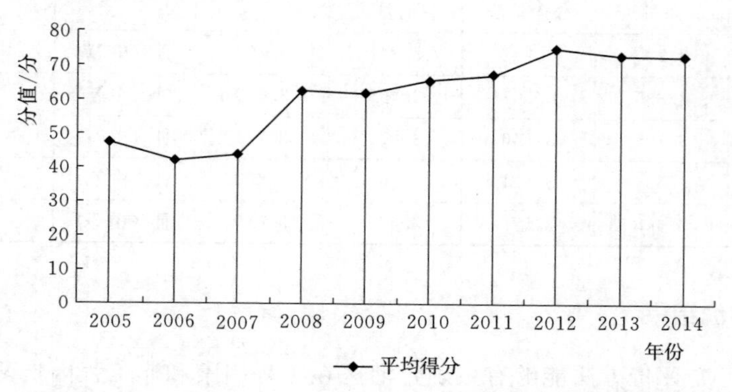

图 5.3　2005—2014 年三义寨引黄灌区综合完备度评价平均得分

5.4　小　　结

本部分的研究内容主要是：首先构建了灌溉用水有效利用系数评价的多目标多层次模糊综合评价模型，并确定了在评价过程中不同计算层的权向量的确定方法。第 1 层（输入层）共有若干个指标，分属于 2 个单元系统。由于指标数量越大，权重对评价结果的影响就越小，因此认为这些指标的重要性基本相当，差别不大。引黄灌区的综合完备度评价是一个比较复杂、影响因素较多的问题。为了获得科学合理的评价结果，基于用水流向跟踪的方法，对相关的影响因素进行了分析，识别出了工程因素和非工程因素的影响因子，构建了由 9 个指标组成的半结构性评价指标体系，并基于相对差异函数模型构建了模糊可变评价模型。以三义寨引黄灌区为实例进行了计算，分别采用系统等权重法、指标等权重法和熵值权重法 3 种权重法进行评价和对比，结果表明：2012 年三义寨引黄灌区的综合完备度分值最高，为 74.81 分，评价等级为Ⅲ级（中等）。通过实例验证，表明该评价模型具有较好的适用性和合理性，特别是针对多个评价指标和因素，能够敏感和有效地识别出指标差异，获得精准的评价定位等级。

第6章

引黄灌区需水量响应机制及动态阈值

6.1 气象因子对引黄灌区作物需水量影响的通径分析

黄河流域生态保护与高质量发展重大国家战略中明确指出：推进水资源节约集约利用[64]。引黄灌区以农业用水为主，进行水资源节约集约利用的重要前提条件是将灌区内作物需水量及主要影响因素分析清楚，在此基础上才能在灌区实施精准用水和智慧灌溉，从而实现真正节约黄河水资源、提高引黄水量用水效率的目标[65]。1921 年，S. Wright 首次提出通径系数（path coefficient）计算和分析方法，通径分析（path analysis）是研究变量之间的相互关系、自变量对因变量作用方式及程度的一种多元统计分析方法。通过通径分析结果，可以发现自变量对因变量影响的直接效应和间接效应，确定由于自变量间相关性很强而引起多重共线性的自变量，还可以通过指标敏感性分析去掉不必要的自变量，从而建立最佳且简便的回归方程。20 世纪 50 年代，通径分析开始应用在遗传育种和作物栽培领域的研究工作中，明道绪通过案例，详细介绍了通径分析原理及计算方法、数学推导过程、性状间相关性分析及检验等[66-67]；崔党群提出了通径分析的矩阵算法，并以红薯为案例进行通径分析和显著性检验[68]；蔡甲冰等基于通径分析原理，对冬小麦的缺水诊断指标进行了敏感性分析，找到了灌溉决策指标要注意的主要因素[69-70]；魏清顺等对导流器几何参数进行了通径分析，从而确定了对潜水泵性能影响的主次要因素[71]。目前针对通径分析的应用和研究较多，学者们从不同的案例和应用角度出发进行了多种尝试，但涉及引黄灌区作物需水量计算的成果较少。本章根据惠北水利科学试验站 1999—2019 年逐旬气象资料，计算三义寨引黄灌区冬小麦生育期的作物需水量，通过通径分析和指标敏感性分析，确定对作物需水量直接效用、间接效用最大的气象因子以及最敏感的因子，找到这些因子之间的相互关系，从而为引黄灌区的水资源节约集约利用和高质量发展提供数据基础和技术支撑。

6.1.1 计算及分析方法

6.1.1.1 作物需水量计算

作物需水量采用参考作物法，以三义寨引黄灌区内惠北水利科学试验站观测的气象资料为基础，采用联合国粮农组织（FAO）推荐的 Penman - Monteith 公式为基础的修正式，计算参考作物蒸发蒸腾量 ET_0。作物全生育期的需水量计算公式如下：

$$ET_c = \sum ET_{ci} = K_{ci} \cdot ET_{0i} \tag{6.1}$$

式中　ET_c——作物全生育期的需水量，mm；

ET_{ci}——作物第 i 阶段的需水量，mm；

K_{ci}——第 i 阶段的作物系数；

ET_{0i}——第 i 阶段的参考作物蒸发蒸腾量，mm。

6.1.1.2　通径分析方法

通径系数是表示相关变量间影响关系的一个统计量，是变量标准化、没有单位的偏回归系数。它是自变量与因变量之间带有方向的相关系数。通径系数所表示的影响关系具有回归系数的性质，没有单位的相对数具有相关系数的性质，所以通径系数是介于回归系数与相关系数之间的一个特殊统计量。通径系数是变量标准化后的偏回归系数，其数学模型是偏回归系数标准化后的多元线性回归模型[72]。本章采用的通径分析计算方法和思路，参考了有关矩阵算法案例[66] 和数学模型[67]。

通径分析可用于分析多个自变量和因变量之间的线性关系，是将自变量与因变量的简单相关系数加以分解，分解出自变量对因变量的直接作用效应和通过其他变量对因变量的间接作用效应。对于一个相互关联的系统，若有 n 个自变量 $x_i(i=1, 2, \cdots, n)$ 和 1 个因变量 y 之间存在线性关系，回归方程为

$$y = b_0 + b_1x_1 + b_2x_2 + \cdots + b_nx_n \tag{6.2}$$

根据各自变量之间的简单相关系数 $r_{x_ix_j}$（$i, j \leqslant n$）和各自变量与因变量之间的简单相关系数 $r_{x_iy}(i \leqslant n)$，由式（6.2）经过数学变换，建立正规矩阵方程为

$$\begin{bmatrix} 1 & r_{x_1x_2} & \cdots & r_{x_1x_n} \\ r_{x_2x_1} & 1 & \cdots & r_{x_2x_n} \\ \vdots & \cdots & \cdots & \vdots \\ r_{x_nx_1} & r_{x_nx_2} & \cdots & 1 \end{bmatrix} \begin{bmatrix} p_{yx_1} \\ p_{yx_2} \\ \vdots \\ p_{yx_n} \end{bmatrix} = \begin{bmatrix} r_{x_1y} \\ r_{x_2y} \\ \vdots \\ r_{x_ny} \end{bmatrix} \tag{6.3}$$

解矩阵方程（6.3）即可求出通径系数 p_{yx_i}，其表示自变量 x_i 对因变量 y 的直接通径系数，为 x_i 对 y 的直接作用效应；$r_{x_ix_j}\ p_{yx_j}$ 表示自变量 x_i 通过 x_j 对因变量 y 的间接通径系数，为 x_i 通过 x_j 对因变量 y 的间接作用效应。剩余项的通径系数 p_{ye} 表示为

$$p_{ye} = \sqrt{1 - (r_{x_1y}p_{yx_1} + r_{x_2y}p_{yx_2} + \cdots + r_{x_ny}p_{yx_n})} \tag{6.4}$$

如果剩余项的通径系数 p_{ye} 较小，说明已找出影响因变量的主要因素；如果 p_{ye} 数值较大，则表明试验误差较大或还有更重要的自变量因素未被考虑在内。

6.1.2 计算结果与通径分析

河南省三义寨引黄灌区的冬小麦全生育期是从10月中旬至次年5月下旬，以1999—2019年21年的旬平均气象因子数据为基础，以旬为计算单元时长共选取23个样本。在计算作物需水量时，用到了旬降水量、旬水面蒸发量、旬平均气温、旬最高气温、旬最低气温、旬空气相对湿度、旬日照时数、实际每天日照小时数、天最大日照时数、日均水面蒸发量、旬净辐射 R_a、旬平均风速、旬有效降水量等气象因子[40]。考虑到气象因子之间的重复性和分析计算工作量，选择以下9个气象因子进行通径分析：降水量（mm）、水面蒸发量（mm）、平均气温（℃）、最高气温（℃）、最低气温（℃）、空气相对湿度（%）、日照时数（h）、最大日照时数（h/d）、平均风速（m/s）。经过对冬小麦生育期作物需水量的计算和筛选，用到的分析指标有气象因子之间相关系数 r_{x_iy}、通径系数 P_{yx_i}、决定系数 d_{yx_i} 和对回归方程可靠程度 R^2 的总贡献等。

6.1.2.1 冬小麦生育期逐旬作物需水量计算结果

以1999—2019年21年的共计756组逐旬气象数据为基础，每组气象数据包含旬降水量、旬水面蒸发量、旬平均气温、旬最高气温、旬最低气温、旬空气相对湿度等气象因子，冬小麦全生育期多年平均旬水面蒸发量、旬气温、旬降水量等气象因子计算结果，如图6.1～图6.3所示。

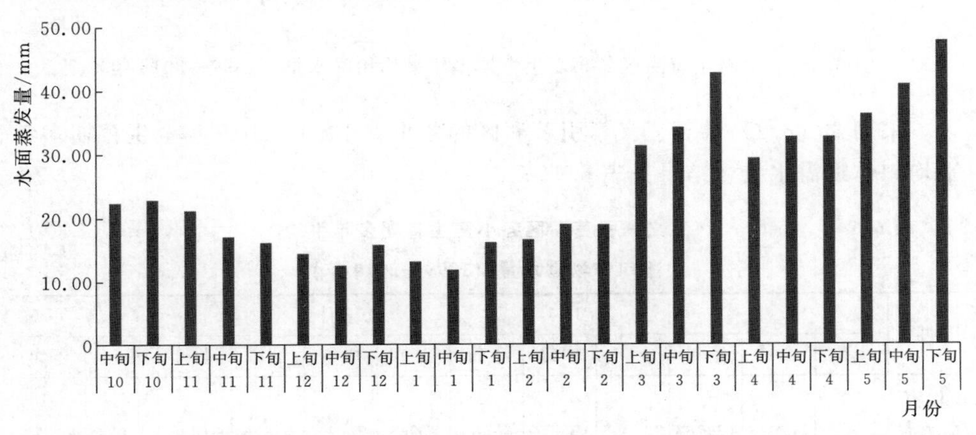

图6.1 三义寨引黄灌区冬小麦生育期多年平均旬水面蒸发量（1999—2019年）

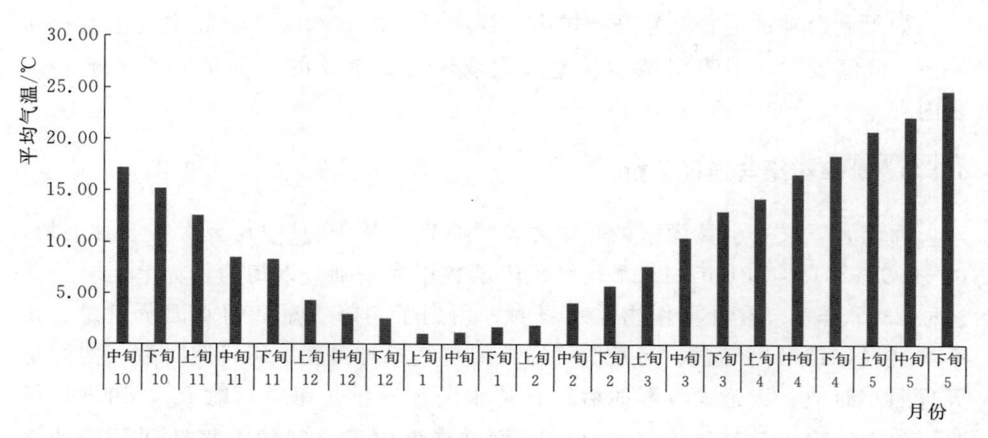

图 6.2　三义寨引黄灌区冬小麦生育期多年平均旬气温（1999—2019 年）

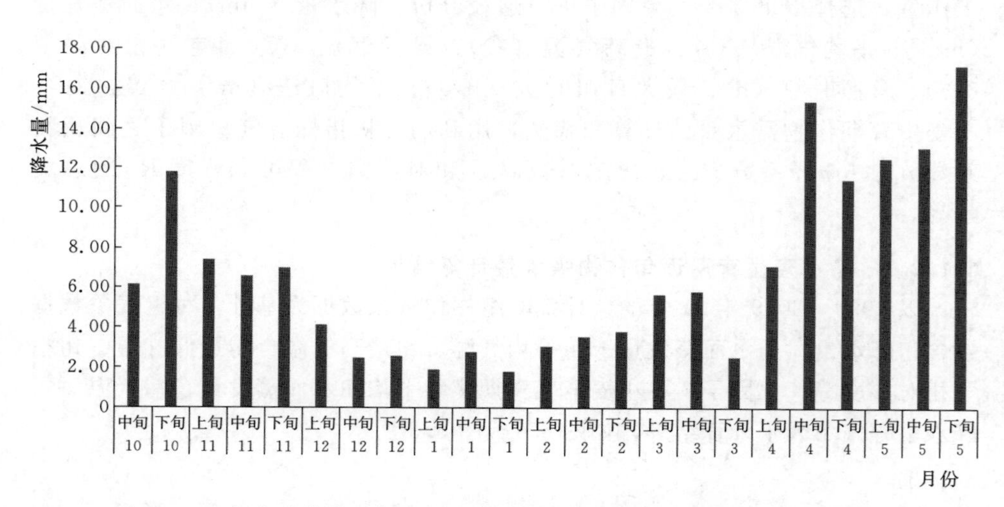

图 6.3　三义寨引黄灌区冬小麦生育期多年平均旬降水量（1999—2019 年）

采用式（6.1）计算三义寨引黄灌区的冬小麦 1999—2019 年全生育期多年平均旬作物需水量，结果见表 6.1。

表 6.1　　三义寨引黄灌区冬小麦生育期多年平均逐旬作物需水量（1999—2019 年）

时间	10月			11月			12月			1月		
	上旬	中旬	下旬	上旬	中旬	下旬	上旬	中旬	下旬	上旬	中旬	下旬
作物需水量/mm	—	11.013	16.763	20.005	15.579	6.589	6.888	5.618	6.376	5.438	4.621	7.273

续表

时间	2月			3月			4月			5月		
	上旬	中旬	下旬	上旬	中旬	下旬	上旬	中旬	下旬	上旬	中旬	下旬
作物需水量/mm	7.033	8.142	21.025	35.917	43.640	62.020	42.851	47.750	49.470	50.477	48.850	42.140

6.1.2.2 气象因子对作物需水量的通径分析

对于三义寨引黄灌区的冬小麦作物需水量的通径分析中，选取9个气象因子：降水量（X_1）、水面蒸发量（X_2）、平均气温（X_3）、最高气温（X_4）、最低气温（X_5）、空气相对湿度（X_6）、日照时数（X_7）、最大日照时数（X_8）、平均风速（X_9），因变量为作物需水量Y_1，依据通径系数和相关系数（表6.2），得到冬小麦作物需水量及9个气象因子和误差项的通径图。由于9个气象因子的相关系数太多而图幅有限，仅标出X_1相关系数，如图6.4所示。

表6.2 冬小麦作物需水量与各气象因子之间的相关系数

因素	X_1	X_2	X_3	X_4	X_5	X_6	X_7	X_8	X_9	Y_1
X_1	1.0000	0.6727	0.8201	0.8118	0.8635	−0.0564	0.6735	0.7314	−0.0400	0.5790
X_2	0.6727	1.0000	0.7672	0.8409	0.7850	−0.5691	0.9420	0.8926	0.2630	0.9239
X_3	0.8201	0.7672	1.0000	0.9558	0.9739	−0.0937	0.7443	0.7318	0.1929	0.6639
X_4	0.8118	0.8409	0.9558	1.0000	0.9506	−0.2831	0.8099	0.8214	0.2132	0.7822
X_5	0.8635	0.7850	0.9739	0.9506	1.0000	−0.1197	0.7825	0.7792	0.1239	0.7089
X_6	−0.0564	−0.5691	−0.0937	−0.2831	−0.1197	1.0000	−0.5335	−0.5910	−0.5584	−0.6687
X_7	0.6735	0.9420	0.7443	0.8099	0.7825	−0.5335	1.0000	0.9200	0.3319	0.9431
X_8	0.7314	0.8926	0.7318	0.8214	0.7792	−0.5910	0.9200	1.0000	0.3520	0.8941
X_9	−0.0400	0.2630	0.1929	0.2132	0.1239	−0.5584	0.3319	0.3520	1.0000	0.4095

根据式（6.3）转换为正规矩阵方程后，求解9个气象因子X_i对Y_1的关于通径系数P_{yx_i}的正规方程组，并计算每个气象因子对于作物需水量的直接作用和间接作用，结果见表6.3。计算各气象因子之间的决定系数并按照绝对值大小排序，分析9个自变量对回归方程估测可靠程度R^2总贡献，即计算$r_{x_iy}P_{yx_i}$。将最大的前6个和误差项决定系数排序，各个自变量对R^2总贡献的前7个气象因子排序见表6.4。

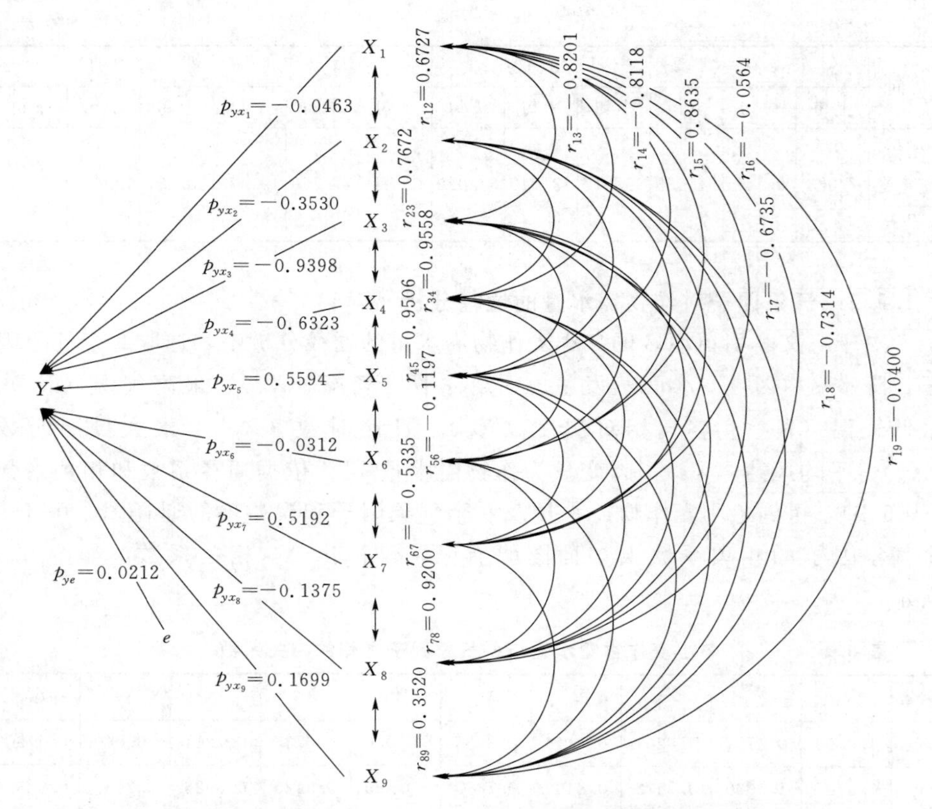

图 6.4　9 个气象因子对冬小麦作物需水量的通径关系图

表 6.3　　气象因子对冬小麦作物需水量直接作用与间接作用分析

自变量	相关系数	直接作用	间 接 作 用			
	$r_{x_i y}$	P_{yx_i}	总的	通过 X_1	通过 X_2	通过 X_3
X_1	0.5790	−0.0463	0.6253		0.2375	−0.8527
X_2	0.9239	0.3530	0.5708	−0.0311		−0.7977
X_3	0.6639	−0.9398	0.9476	−0.0380	0.2708	
X_4	0.7822	0.6323	0.1498	−0.0376	0.2968	−0.9938
X_5	0.7089	0.5594	0.1494	−0.0400	0.2771	−1.0127
X_6	−0.6687	−0.0312	−0.6375	0.0026	−0.2009	0.0974
X_7	0.9431	0.5192	0.4238	−0.0312	0.3325	−0.7739
X_8	0.8941	−0.1375	0.9583	−0.0339	0.3151	−0.8341
X_9	0.4095	0.1699	0.2395	0.0019	0.0928	−0.2006

续表

自变量	间接作用					
	通过 X_4	通过 X_5	通过 X_6	通过 X_7	通过 X_8	通过 X_9
X_1	0.5134	0.4830	0.0018	0.3497	−0.1006	−0.0068
X_2	0.5317	0.4392	0.0178	0.4891	−0.1227	0.0447
X_3	0.4132	0.0545	0.0029	0.3120	−0.1006	0.0328
X_4		0.5318	0.0088	0.4205	−0.1129	0.0362
X_5	0.6011		0.0037	0.4062	−0.1071	0.0210
X_6	−0.1790	−0.0670		−0.2770	0.0813	−0.0949
X_7	0.5121	0.4377	0.0166		−0.1265	0.0564
X_8	0.5193	0.4359	0.0184	0.4777		0.0598
X_9	0.1348	0.0693	0.0174	0.1723	−0.0484	

表 6.4　气象因子对冬小麦作物需水量决定系数和对 R^2 总贡献排序

排序	因素	决定系数	自变量	对 R^2 总贡献
1	d_{yx_3}	0.8832	X_3	−0.6903
2	$d_{yx_3x_4}$	0.7814	X_4	0.4946
3	$d_{yx_3x_5}$	0.6208	X_7	0.4897
4	$d_{yx_4x_5}$	0.6247	X_5	0.3966
5	$d_{yx_2x_3}$	−0.5705	X_2	0.3262
6	d_{yx_4}	0.3998	X_8	−0.1229
误差项	d_{ye}	0.0005	X_9	0.0696

根据表 6.3 中引黄灌区冬小麦作物需水量的通径分析结果，可知各气象因子的通径系数 P_{yx_i} 为通过直接作用对作物需水量结果产生的影响，绝对值最大的前 4 个因子分别是：平均气温（X_3）、最高气温（X_4）、日照时数（X_7）、最低气温（X_5）。最大日照时数（X_8）的直接作用最小，但是通过其他气象因子对作物需水量产生的间接作用最大。通过对决定系数的显著性检验可知，d_{yx_3}、$d_{yx_3x_4}$、$d_{yx_4x_5}$ 均为极显著水平（$\alpha<0.01$），可近似地认为绝对值大于 $d_{yx_4x_5}$（0.6247）的决定系数为显著，小于的为不显著。根据表 6.4 气象因子对冬小麦作物需水量的决定系数，平均气温（X_3）对 Y_1 的相对决定系数为 0.8832，位于各因子的第 1 位，且其对 R_2 总贡献为−0.6903，也是绝对值最大，表明平均气温（X_3）是影响冬小麦作物需水量最重要的气象因子。平均气温（X_3）和最高气温（X_4）共同对作物需水量 Y_1 的相对决定系数为 0.7814，位于第 2 位，且最高气温（X_4）对 R^2 总贡献为 0.4946，位于第 2，

说明在平均气温（X_3）与最高气温（X_4）共同作用且数值都较高时，作物需水量也会达较大值。平均气温（X_3）和最低气温（X_5）共同对作物需水量 Y_1 的相对决定系数为 0.6208，位于第 3 位，且最低气温（X_5）对 R^2 总贡献为 0.3966，位于第 4，说明在平均气温与最低气温共同作用数值都较高时，对作物需水量的影响也会比较显著。以上分析同时也说明与气温相关的 3 个气象因子——平均气温（X_3）、最高气温（X_4）、最低气温（X_5）对作物需水量起到了决定性的作用，这也符合实验与常规的认知。日照时数（X_7）在对 Y_1 的直接作用中排第 4 位，对 R^2 总贡献为 0.4897，排第 3 位，其对作物需水量还是有一定的影响。误差项对作物需水量 Y_1 的相对决定系数为 0.0005，对 R^2 总贡献为 0.0212，均为最小，说明对作物需水量影响较大的气象因子全部考虑到了，作物需水量的误差较小且计算结果较准确。

6.1.3　气象因子敏感性分析

6.1.3.1　敏感性分析

利用减少某个气象因子来观察 R^2 的变化，来判断气象因子直接、间接效应的重要性。在减少某个气象因子后，其余的气象因子对作物需水量的通径分析，其直接作用和间接作用都有产生变化，决定系数 d_{yx_i} 和对回归方程 R^2 的总贡献也会随着气象因子个数和种类不同而产生相应的变化。将 9 个气象因子依次减少为 8 个后进行通径分析的直接作用、间接作用结果列入表 6.5 中，对 R^2 的影响结果见表 6.6。

表 6.5　气象因子减少对冬小麦作物需水量直接作用与间接作用影响分析

指标数量	X_1		X_2		X_3		X_4	
	直接	间接	直接	间接	直接	间接	直接	间接
9	−0.0463	0.6253	0.3530	0.5708	−0.9398	0.9476	0.6323	0.1498
8(去掉 X_1)			0.3534	0.6472	−0.8411	0.6973	0.6324	0.2371
8(去掉 X_2)	−0.0471	0.6649			−0.7478	0.4554	0.5864	0.2385
8(去掉 X_3)	−0.0491	0.6281	0.0549	0.8690			0.1983	0.5839
8(去掉 X_4)	−0.0465	0.6255	0.2900	0.6339	−0.4570	0.8209		
8(去掉 X_5)	−0.0027	0.5816	0.2393	0.6846	−0.5781	0.8419	0.6523	0.1299
8(去掉 X_6)	−0.0506	0.6296	0.3828	0.5411	−0.8877	0.6639	0.6587	0.1236
8(去掉 X_7)	−0.0871	0.6658	0.7718	0.1518	−0.8350	0.6635	0.6392	0.1427
8(去掉 X_8)	−0.0872	0.7394	0.3653	0.6262	−0.8038	0.6573	0.6120	0.2657
8(去掉 X_9)	−0.0922	0.6712	0.1132	0.8107	−0.5736	0.8374	0.4699	0.3123

续表

指标数量	X_5		X_6		X_7		X_8		X_9	
	直接	间接	直接	间接	直接	间接	直接	间接	直接	间接
9	0.5594	0.1494	-0.0312	-0.6375	0.5192	0.4238	-0.1375	0.9583	0.1699	0.2395
8(去掉 X_1)	0.5355	0.2630	-0.0408	-0.6317	0.5298	0.4784	-0.1702	0.8286	0.1775	0.2487
8(去掉 X_2)	0.4273	0.2815	-0.1706	-0.5034	0.7481	0.2301	-0.1583	0.8874	0.0860	0.3290
8(去掉 X_3)	0.0117	0.6972	-0.2604	-0.4083	0.6839	0.2592	-0.0753	0.9694	0.0034	0.4060
8(去掉 X_4)	0.5913	0.1176	-0.2007	-0.4680	0.5244	0.4187	-0.0905	0.9846	0.0920	0.3175
8(去掉 X_5)			-0.0521	-0.6166	0.6313	0.3117	-0.0800	0.9740	0.1084	0.3010
8(去掉 X_6)	0.5646	0.1443			0.5037	0.4394	-0.1232	0.8941	0.1824	0.2271
8(去掉 X_7)	0.7976	-0.0888	0.1016	-0.7702			0.0684	0.8254	0.2581	0.1513
8(去掉 X_8)	0.5199	0.2761	0.0083	-0.6833	0.4526	0.5561			0.1631	0.2634
8(去掉 X_9)	0.3551	0.3538	-0.1989	-0.4698	0.6571	0.2860	-0.1045	0.9986		

表 6.6　气象因子减少对冬小麦作物需水量的 R^2 影响分析

指标数量	R^2	d_{ye}	各气象因子对回归方程的 R^2 总贡献			
			X_1	X_2	X_3	X_4
9	0.9575	0.0425	-0.0268	0.3262	-0.6903	0.4946
8(去掉 X_1)	0.9571	0.0429		0.3265	-0.6911	0.4947
8(去掉 X_2)	0.9513	0.0487	-0.0273		-0.4964	0.4587
8(去掉 X_3)	0.9389	0.0611	-0.0284	0.0507		0.1551
8(去掉 X_4)	0.9423	0.0577	-0.0269	0.2680	-0.3034	
8(去掉 X_5)	0.9491	0.0509	-0.0016	0.2211	-0.3838	0.5103
8(去掉 X_6)	0.9574	0.0426	-0.0293	0.3537	-0.7221	0.5153
8(去掉 X_7)	0.9409	0.0591	-0.0504	0.7131	-0.8862	0.5000
8(去掉 X_8)	0.9561	0.0439	-0.0505	0.3375	-0.6664	0.4788
8(去掉 X_9)	0.9490	0.0510	-0.0534	0.1046	-0.3808	0.3676

指标数量	各气象因子对回归方程的 R^2 总贡献				
	X_5	X_6	X_7	X_8	X_9
9	0.3966	0.0208	0.4897	-0.1229	0.0696
8(去掉 X_1)	0.3796	0.4996	-0.1522	0.0727	0.0273
8(去掉 X_2)	0.3029	0.1141	0.7056	-0.1415	0.0352
8(去掉 X_3)	0.0083	0.1742	0.6450	-0.0674	0.0014
8(去掉 X_4)	0.4192	0.1342	0.4945	-0.0809	0.0377
8(去掉 X_5)		0.0348	0.5954	-0.0715	0.0444

续表

指标数量	各气象因子对回归方程的 R^2 总贡献				
	X_5	X_6	X_7	X_8	X_9
8(去掉 X_6)	0.4003		0.4751	−0.1102	0.0747
8(去掉 X_7)	0.5655	−0.0679		0.0611	0.1057
8(去掉 X_8)	0.3686	−0.0055	0.4268		0.0668
8(去掉 X_9)	0.2518	0.1330	0.6197	−0.0934	

由表 6.5 可知，去掉任何一个气象因子，降水量（X_1）、空气相对湿度（X_6）、最大日照时数（X_8）和平均风速（X_9）通径系数即直接作用和间接作用变化都不显著。但去掉平均气温（X_3）时，导致最高气温（X_4）和最低气温（X_5）的通径系数直接成为最小值，这 2 个气象因子的直接作用直接降为 8 个指标数量中的最低值，日照时数（X_7）的直接作用升为最高值，说明这 4 个气象因子之间的互相影响密切，比较敏感。

由表 6.6 可知，去掉不同的气象因子，R^2、误差项 d_{ye}、剩余气象因子对回归方程的 R^2 总贡献都会产生相应的变化，当 9 个气象因子都在时，R^2 为最大为 0.9575，误差项 d_{ye} 为最小为 0.0425。去掉平均气温（X_3）时，R^2 降为最小 0.9389，误差项 d_{ye} 升为最大 0.0611；分别去掉日照时数（X_7）、最高气温（X_4）、平均风速（X_9）都引起了 R^2 下降和误差项 d_{ye} 升高，说明这 3 个气象因子也较敏感，它们是引起作物需水量变化的较重要影响因素。去掉空气相对湿度（X_6）、降水量（X_1）、最大日照时数（X_8）后，R^2、d_{ye} 变化较小，说明这 3 个气象因子不是引起作物需水量变化的显著影响因素。经过以上计算和分析，9 个气象因子对作物需水量产生影响的敏感程度排序为：平均气温（X_3）＞日照时数（X_7）＞最高气温（X_4）＞旬平均风速（X_9）＞最低气温（X_5）＞水面蒸发量（X_2）＞最大日照时数（X_8）＞降水量（X_1）＞空气相对湿度（X_6）。

6.1.3.2　结果对比分析

与河南省主粮作物需水量变化趋势与成因分析的计算结果进行对比，采用 1958—2013 年逐日气象观测资料进行计算分析，得出了河南省冬小麦最显著的影响因子前 3 位为：平均气温、日照时数、最高气温[16]；通过通径分析得到了三义寨引黄灌区冬小麦作物需水量，最显著影响因子前 4 位为：旬平均气温（X_3）、旬最高气温（X_4）、旬最低气温（X_5）、旬日照时数（X_7），虽然分析的气象资料时长、样本数量、时间单元均不同，但结论基本一致。河南省冬小麦需水量最敏感的气象因子排序前 3 位为：日照时数、最高气温、平均气温[41]，与三义寨引黄灌区作物需水量最敏感的气象因子前 3 位一致。两种计算得出的最不敏感的气象因子也一致，为降水量和空气相对湿度。通过对比分析认为，比起简

单的相关系数和回归分析方法，通径分析方法可以准确计算出自变量对因变量影响的直接作用和间接作用，确定各因子的敏感性，从而建立有效的回归方程。

6.1.4 冬小麦气象因子筛选

6.1.4.1 通径分析筛选气象因子

作物需水量是灌区最重要的水资源消耗途径，研究作物需水量的主要影响因子可为引黄灌区的水资源节约集约利用提供有效的数据支撑。以三义寨引黄灌区 1999—2019 年 21 年 756 组逐旬气象数据为基础，采用联合国粮农组织（FAO）推荐的 Penman - Monteith 公式为基础的修正式来计算作物需水量，以旬为计算单元时长共选取了 23 个样本。通过对三义寨引黄灌区冬小麦作物需水量的通径分析，可知对作物需水量结果产生的影响最大的 4 个气象因子为：平均气温、最高气温、最低气温、日照时数。通过敏感性分析可知平均气温、最高气温、最低气温和旬日照时数互相影响密切。敏感程度排序为：平均气温＞旬日照时数＞旬最高气温＞旬平均风速＞旬最低气温＞旬水面蒸发量＞实际每天日照小时数＞旬降水量＞旬空气相对湿度。

通过对三义寨引黄灌区冬小麦作物需水量的通径分析，可知对作物需水量结果产生的影响最大的 4 个气象因子为：旬平均气温（X_3）、旬最高气温（X_4）、旬最低气温（X_5）、旬日照时数（X_7）。旬平均气温（X_3）和旬最高气温（X_4）共同作用且数值都较高时，作物需水量也会达较大值，旬平均气温（X_3）与旬最低气温（X_5）共同作用数值都较高时，对作物需水量的影响也会比较显著。误差项对作物需水量影响最小，说明气象因子基本全部考虑到了，计算结果较准确。

通过敏感性分析可知，旬平均气温（X_3）、最高气温（X_4）、旬最低气温（X_5）和旬日照时数（X_7）互相影响密切，比较敏感。9 个气象因子对作物需水量产生影响的敏感程度排序为：旬平均气温（X_3）＞旬日照时数（X_7）＞旬最高气温（X_4）＞旬平均风速（X_9）＞旬最低气温（X_5）＞旬水面蒸发量（X_2）＞实际每天日照小时数（X_8）＞旬降水量（X_1）＞旬空气相对湿度（X_6）。

6.1.4.2 回归分析筛选气象因子

以三义寨引黄灌区 1999—2019 年 21 年 756 组逐旬气象数据为基础，计算 21 年以旬为时长的旬气象因子平均值，采用联合国粮农组织（FAO）推荐的 Penman - Monteith 公式为基础的修正式来计算作物需水量，以旬为计算单元时长，冬小麦全生育期共有 23 个旬，因此选取 23 个样本。与通径分析相同，基础数据为挑选 11 个气象因子中的 9 个代表性气象因子：旬降水量（X_1）、旬水面蒸发量（X_2）、旬平均气温（X_3）、旬最高气温（X_4）、旬最低气温

（X_5）、旬空气相对湿度（X_6）、旬日照时数（X_7）、实际每天最大日照小时数（X_8）、旬平均风速（X_9），及对应的作物需水量，相关数据见表 6.7。

表 6.7　三义寨引黄灌区冬小麦全生育期 23 个样本 9 个气象因子 1999—2019 年均值

计算时长	降水量/mm	水面蒸发量/mm	平均气温/℃	最高气温/℃	最低气温/℃	空气相对湿度/%	日照时数/h	最大日照时数/(h/d)	平均风速/(m/s)	作物需水量/mm
1 月上旬	1.91	13.19	1.02	10.18	−6.91	80.61	31.70	2.89	1.39	5.44
1 月中旬	2.77	11.84	1.22	11.59	−6.30	78.98	29.18	2.89	1.20	4.62
1 月下旬	1.81	16.21	1.78	10.07	−6.85	79.00	41.17	2.89	1.41	7.27
2 月上旬	3.08	16.69	1.96	14.61	−9.33	72.50	37.32	3.41	1.40	7.03
2 月中旬	3.52	19.08	4.16	13.84	−4.65	72.07	36.27	3.41	2.20	8.14
2 月下旬	3.81	19.00	5.83	19.33	−2.72	70.27	34.25	3.41	2.13	21.03
3 月上旬	5.68	31.33	7.72	18.27	−3.01	67.08	51.06	4.29	2.66	35.92
3 月中旬	5.80	34.22	10.46	21.69	−0.80	69.85	50.23	4.29	2.13	43.64
3 月下旬	2.56	42.76	12.96	23.21	1.73	68.14	63.98	4.29	2.40	62.02
4 月上旬	7.13	29.45	14.29	23.89	3.34	69.64	58.10	5.18	3.15	42.85
4 月中旬	15.36	32.80	16.52	24.84	5.05	72.20	59.22	5.18	2.73	47.75
4 月下旬	11.45	32.78	18.43	26.28	10.55	72.22	62.17	5.18	2.11	49.47
5 月上旬	12.57	36.34	20.79	29.37	10.19	73.47	63.37	5.44	1.63	50.48
5 月中旬	13.10	40.98	22.13	31.13	11.54	72.29	63.02	5.44	1.41	48.85
5 月下旬	17.15	47.75	24.67	30.33	13.14	73.78	64.72	5.44	1.35	42.14
10 月中旬	6.15	22.39	24.25	26.54	7.45	79.81	40.57	3.33	2.66	11.01
10 月下旬	11.79	22.97	15.24	23.24	4.69	79.33	42.13	3.33	1.15	16.76
11 月上旬	7.43	21.26	12.60	22.66	1.53	76.43	42.25	2.84	1.51	20.00
11 月中旬	6.60	17.14	8.54	17.37	−0.78	78.39	39.36	2.84	1.64	15.58
11 月下旬	7.00	16.17	8.37	15.71	−2.41	77.77	30.81	2.84	1.21	6.59
12 月上旬	4.10	14.50	4.37	12.27	−5.73	78.04	36.82	2.56	2.04	6.89
12 月中旬	2.50	12.54	2.97	9.84	−6.11	73.86	32.35	2.56	1.72	5.62
12 月下旬	2.59	15.79	2.53	11.82	−6.81	75.89	38.31	2.56	1.53	6.38
合计										565.48

根据通径分析的结论，以表 6.7 的 9 个气象因子、5 个气象因子［旬平均气温（X_3）、旬最高气温（X_4）、旬最低气温（X_5）、旬日照时数（X_7）、旬平均风速（X_9）］、4 个气象因子［旬平均气温（X_3）、旬最高气温（X_4）、

旬日照时数（X_7）、旬平均风速（X_9）]，分别进行冬小麦作物需水量的回归分析，得到回归参数见表6.8。

表6.8 三义寨引黄灌区冬小麦全生育期23样本不同气象因子回归分析参数

气象因子数	相关系数	拟合优度	调整拟合优度	回归自由度	残差自由度	F显著性统计量	置信度
9个	0.9791	0.9586	0.9300	9	13	1.50×10^{-7}	99.99%
5个	0.9719	0.9446	0.9283	5	17	4.43×10^{-10}	99.99%
4个	0.9704	0.9416	0.9287	4	18	7.45×10^{-11}	99.99%

将9个气象因子、5个气象因子、4个气象因子的回归参数列入表6.9。

表6.9 三义寨引黄灌区冬小麦不同气象因子回归参数

参数	9个气象因子回归分析		5个气象因子回归分析		4个气象因子回归分析	
	回归系数	T检验P值	回归系数	T检验P值	回归系数	T检验P值
截距	−44.507	0.500	−54.448	0.000	−63.078	0.000
X_1	−0.273	0.634	—	—	—	—
X_2	0.733	0.118	—	—	—	—
X_3	−2.800	0.020	−2.298	0.011	−1.702	0.004
X_4	1.851	0.047	2.086	0.005	2.150	0.004
X_5	1.680	0.114	0.844	0.354	—	—
X_6	0.084	0.905	—	—	—	—
X_7	0.756	0.048	1.176	0.001	1.248	0.000
X_8	−1.702	0.633	—	—	—	—
X_9	6.222	0.096	4.725	0.060	3.705	0.092

将9个气象因子、5个气象因子、4个气象因子的回归方程预测值分别计算后，列入表6.10，不同气象因子预测值与作物需水量计算值对比如图6.5所示。

表6.10 三义寨引黄灌区冬小麦不同气象因子预测值

时间	作物需水量/mm	9个气象因子回归方程预测值/mm	5个气象因子回归方程预测值/mm	4个气象因子回归方程预测值/mm
1月上旬	5.44	3.48	2.47	1.76
1月中旬	4.62	2.13	1.63	0.63
1月下旬	7.27	10.66	11.79	12.13
2月上旬	7.03	9.97	14.17	16.75
2月中旬	8.14	16.04	14.01	13.00

续表

时间	作物需水量/mm	9 个气象因子回归方程预测值/mm	5 个气象因子回归方程预测值/mm	4 个气象因子回归方程预测值/mm
2 月下旬	21.03	22.49	20.53	19.16
3 月上旬	35.92	37.57	36.05	36.64
3 月中旬	43.64	38.29	35.23	36.29
3 月下旬	62.02	57.43	52.25	53.47
4 月上旬	42.85	45.48	48.58	48.10
4 月中旬	47.75	42.53	46.22	46.19
4 月下旬	49.47	48.49	50.00	47.41
5 月上旬	50.48	46.92	49.88	49.76
5 月中旬	48.85	50.21	50.18	50.03
5 月下旬	42.14	49.21	45.73	45.87
10 月中旬	11.01	12.23	11.79	13.18
10 月下旬	16.76	17.34	17.97	17.77
11 月上旬	20.00	21.23	22.02	22.51
11 月中旬	15.58	14.87	15.53	14.88
11 月下旬	6.59	−0.47	−0.98	−0.63
12 月上旬	6.89	8.59	9.24	9.37
12 月中旬	5.62	0.61	0.26	−0.26
12 月下旬	6.38	10.18	10.92	11.47
合计	565.48	565.48	565.48	565.48

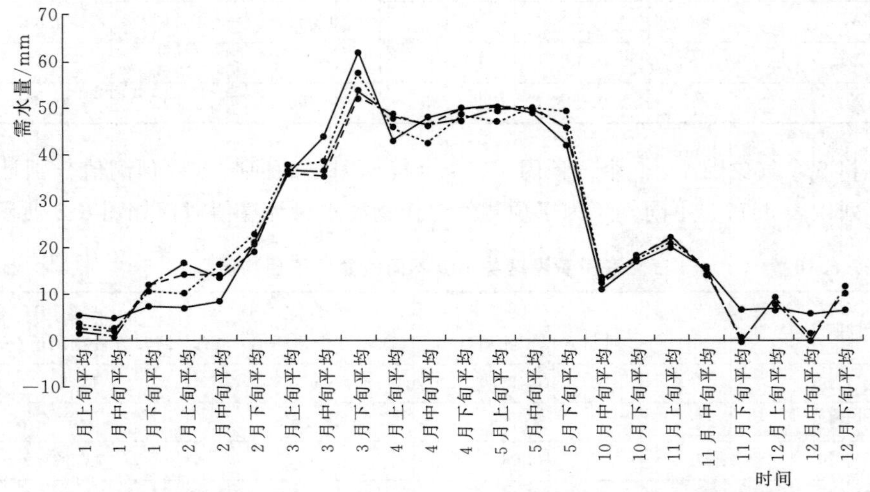

图 6.5　三义寨引黄灌区冬小麦不同气象因子预测值与作物需水量计算值对比图

根据以上回归分析，以表6.9的9个气象因子、5个气象因子、4个气象因子回归参数进行对比，可知9个气象因子的调整拟合优度为最大，3种回归的F显著性统计量的P值均≤0.0001，都通过了F检验，回归方程为非常显著水平，置信度达到99.99%。根据表6.9的回归参数可知，旬平均气温（X_3）、旬最高气温（X_4）、旬日照时数（X_7）、T检验P值均≤0.05，置信度达到了95%，因此有较好的代表性。根据图6.1可见构建的9个气象因子的回归方程能更准确地预测作物需水量，结合通径分析的结果，最终选择旬平均气温（X_3）、旬最高气温（X_4）、旬日照时数（X_7）、旬平均风速（X_9）为构建气象指数的代表性因子。

6.1.5 棉花气象因子筛选

以三义寨引黄灌区1999—2019年21年756组逐旬气象数据为基础，计算21年以旬为时长的旬气象因子平均值，采用联合国粮农组织（FAO）推荐的Penman-Monteith公式为基础的修正式来计算作物需水量，以旬为计算单元时长，冬小麦全生育期共用23个旬，因此选取23个样本。与通径分析相同，基础数据为挑选11个气象因子中的9个代表性气象因子：旬降水量（X_1）、旬水面蒸发量（X_2）、旬平均气温（X_3）、旬最高气温（X_4）、旬最低气温（X_5）、旬空气相对湿度（X_6）、旬日照时数（X_7）、实际每天最大日照小时数（X_8）、旬平均风速（X_9），及对应的作物需水量，相关数据见表6.11。

表6.11 三义寨引黄灌区棉花全生育期23个样本9个气象因子1999—2019年均值

计算时长	降水量/mm	水面蒸发量/mm	平均气温/℃	最高气温/℃	最低气温/℃	空气相对湿度/%	日照时数/h	最大日照时数/(h/d)	平均风速/(m/s)	作物需水量/mm
4月上旬	7.13	29.45	14.29	23.89	3.34	69.64	58.10	5.18	3.15	7.71
4月中旬	15.36	32.80	16.52	24.84	5.05	72.20	59.22	5.18	2.73	9.36
4月下旬	11.45	32.78	18.43	26.28	10.55	72.22	62.17	5.18	2.11	10.46
5月上旬	12.57	36.34	20.79	29.37	10.19	73.47	63.37	5.44	1.63	12.75
5月中旬	13.10	40.98	22.13	31.13	11.54	72.29	63.02	5.44	1.41	16.28
5月下旬	17.15	47.75	24.67	30.33	13.14	73.78	64.72	5.44	1.35	23.79
6月上旬	25.20	50.83	26.12	35.00	15.14	67.34	46.49	5.46	2.09	25.55
6月中旬	10.17	53.92	27.99	35.43	18.31	64.32	57.55	5.46	2.05	39.63
6月下旬	32.00	44.27	27.87	35.38	19.79	76.69	41.82	5.46	1.82	31.00

续表

计算时长	降水量/mm	水面蒸发量/mm	平均气温/℃	最高气温/℃	最低气温/℃	空气相对湿度/%	日照时数/h	最大日照时数/(h/d)	平均风速/(m/s)	作物需水量/mm
7月上旬	35.40	43.82	28.35	34.80	20.54	78.01	36.82	4.91	1.61	37.85
7月中旬	36.88	41.26	28.29	34.54	20.11	81.85	38.65	4.91	1.56	44.21
7月下旬	57.44	47.28	29.54	34.87	21.37	82.87	40.81	4.91	1.14	48.60
8月上旬	43.78	35.21	28.52	33.44	21.51	83.85	32.29	4.59	1.29	34.84
8月中旬	34.28	36.89	27.17	32.68	19.60	83.04	36.31	4.59	2.18	42.81
8月下旬	37.57	38.00	26.37	32.13	16.78	83.54	42.77	4.59	1.54	38.04
9月上旬	20.00	26.06	21.50	29.26	12.46	81.14	39.33	3.96	1.07	25.94
9月中旬	23.29	31.86	23.59	31.15	15.33	82.97	40.06	3.96	0.87	36.86
9月下旬	37.13	27.91	23.12	30.02	13.84	81.95	41.35	3.96	0.96	31.70
10月上旬	11.79	22.97	15.24	23.24	4.69	79.33	42.13	3.33	1.15	12.45
10月中旬	16.16	25.03	18.43	27.95	9.77	76.32	41.23	3.33	1.14	25.68
10月下旬	6.15	22.39	24.25	26.54	7.45	79.81	40.57	3.33	2.66	18.88
合计										574.42

以表 6.11 的 9 个气象因子、8 个气象因子［旬水面蒸发量（X_2）、旬平均气温（X_3）、旬最高气温（X_4）、旬最低气温（X_5）、旬空气相对湿度（X_6）、旬日照时数（X_7）、实际每天最大日照小时数（X_8）、旬平均风速（X_9）］、3 个气象因子［旬水面蒸发量（X_2）、旬空气相对湿度（X_6）、实际每天最大日照小时数（X_8）］，分别进行棉花作物需水量的回归分析，得到回归参数见表 6.12。

表 6.12　　三义寨引黄灌区棉花全生育期 23 样本不同气象因子回归分析参数

气象因子数	相关系数	拟合优度	调整拟合优度	回归自由度	残差自由度	F 显著性统计量	置信度/%
9 个	0.9819	0.9640	0.9346	9	11	1.11×10^{-6}	99.99
8 个	0.9802	0.9609	0.9349	8	12	2.70×10^{-7}	99.99
3 个	0.9223	0.8506	0.8248	3	17	3.07×10^{-7}	99.99

将 9 个气象因子、8 个气象因子、3 个气象因子的回归参数列入表 6.13。

表 6.13　　三义寨引黄灌区棉花不同气象因子回归参数

参数	9个气象因子回归分析		8个气象因子回归分析		3个气象因子回归分析	
	回归系数	T检验 P 值	回归系数	T检验 P 值	回归系数	T检验 P 值
截距	−131.368	0.027	−144.678	0.013	−84.519	0.005
X_1	0.139	0.351	—	—	—	—
X_2	1.039	0.008	1.167	0.002	1.578	0.001
X_3	−2.554	0.011	−2.680	0.007	—	—
X_4	3.213	0.021	3.117	0.022	—	—
X_5	1.877	0.009	1.948	0.006	—	—
X_6	1.264	0.018	1.488	0.003	1.305	0.001
X_7	0.729	0.017	0.626	0.022	—	—
X_8	−20.452	0.000	−19.381	0.000	−9.858	0.003
X_9	10.393	0.003	10.116	0.003	—	—

将9个气象因子、8个气象因子、3个气象因子的回归方程预测值分别计算后，列入表6.14，不同气象因子预测值与作物需水量计算值对比如图6.6所示。

表 6.14　　三义寨引黄灌区棉花不同气象因子预测值

时间	作物需水量/mm	9个气象因子回归方程预测值/mm	8个气象因子回归方程预测值/mm	3个气象因子回归方程预测值/mm
4月上旬	7.71	3.89	3.72	1.78
4月中旬	9.36	8.76	8.19	10.39
4月下旬	10.46	13.99	13.84	10.40
5月上旬	12.75	13.24	13.34	15.08
5月中旬	16.28	18.87	19.08	20.86
5月下旬	23.79	22.93	23.48	33.49
6月上旬	25.55	28.14	27.74	29.74
6月中旬	39.63	35.65	35.86	30.68
6月下旬	31.00	33.40	33.94	31.59
7月上旬	37.85	38.76	39.10	38.04
7月中旬	44.21	40.50	40.99	39.00
7月下旬	48.60	48.37	46.80	49.84
8月上旬	34.84	35.31	35.09	35.23
8月中旬	42.81	44.31	44.89	36.82

续表

时间	作物需水量/mm	9 个气象因子回归方程预测值/mm	8 个气象因子回归方程预测值/mm	3 个气象因子回归方程预测值/mm
8 月下旬	38.04	39.60	39.44	39.24
9 月上旬	36.86	35.67	36.71	35.00
9 月中旬	31.70	28.90	27.20	27.44
9 月下旬	25.94	22.34	22.95	23.47
10 月上旬	25.68	28.22	27.59	21.77
10 月中旬	18.88	20.07	20.15	22.14
10 月下旬	12.45	13.51	14.30	22.43
合计	574.42	574.42	574.42	574.42

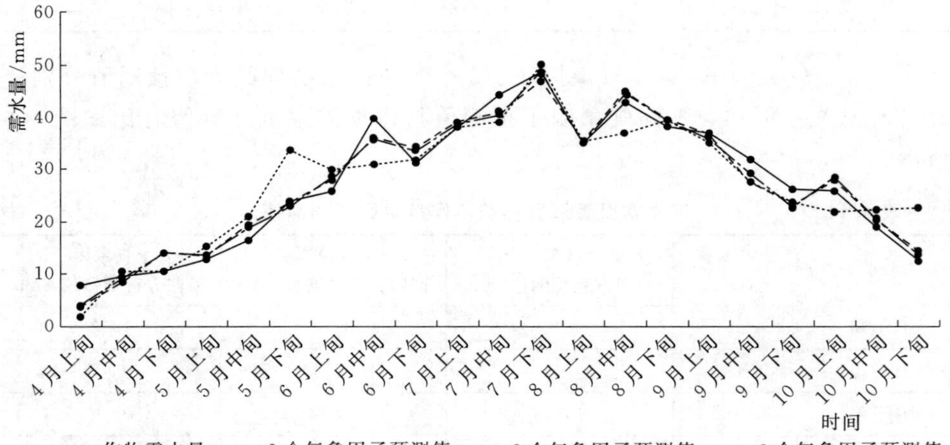

图 6.6　三义寨引黄灌区棉花不同气象因子预测值与作物需水量计算值对比图

根据以上回归分析，以表 6.13 的 9 个气象因子、8 个气象因子、3 个气象因子回归参数进行对比，可知 9 个气象因子的调整拟合优度为最大，3 种回归的 F 显著性统计量的 P 值均≤0.0001，都通过了 F 检验，回归方程为非常显著水平，置信度达到 99.99%。根据表 6.13 的回归参数可知，旬水面蒸发量（X_2）、旬空气相对湿度（X_6）、实际每天最大日照小时数（X_8）的 T 检验 P 值均≤0.05，置信度达到了 95%，因此有较好的代表性。根据图 6.6 可见，构建的 9 个气象因子的回归方程能更准确地预测作物需水量，结合通径分析的结果，最终选择旬水面蒸发量（X_2）、旬空气相对湿度（X_6）、实际每天最大日照小时数（X_8）为构建棉花气象指数的代表性因子。

6.1.6 夏玉米气象因子筛选

以三义寨引黄灌区1999—2019年21年756组逐旬气象数据为基础，计算21年以旬为时长的旬气象因子平均值，采用联合国粮农组织（FAO）推荐的Penman-Monteith公式为基础的修正式来计算作物需水量，以旬为计算单元时长，冬小麦全生育期共用23个旬，因此选取23个样本。与通径分析相同，基础数据为挑选11个气象因子中的9个代表性气象因子：旬降水量（X_1）、旬水面蒸发量（X_2）、旬平均气温（X_3）、旬最高气温（X_4）、旬最低气温（X_5）、旬空气相对湿度（X_6）、旬日照时数（X_7）、实际每天最大日照小时数（X_8）、旬平均风速（X_9），及对应的作物需水量，相关数据见表6.15。

表6.15　三义寨引黄灌区夏玉米全生育期23个样本9个气象因子1999—2019年均值

计算时长	降水量/mm	水面蒸发量/mm	平均气温/℃	最高气温/℃	最低气温/℃	空气相对湿度/%	日照时数/h	最大日照时数/(h/d)	平均风速/(m/s)	作物需水量/mm
6月中旬	10.17	53.92	27.99	35.43	18.31	64.32	57.55	5.46	2.05	31.38
6月下旬	32.00	44.27	27.87	35.38	19.79	76.69	41.82	5.46	1.82	25.02
7月上旬	35.40	43.82	28.35	34.80	20.54	78.01	36.82	4.91	1.61	33.59
7月中旬	36.88	41.26	28.29	34.54	20.11	81.85	38.65	4.91	1.56	46.42
7月下旬	57.44	47.28	29.54	34.87	21.37	82.87	40.81	4.91	1.14	52.31
8月上旬	43.78	35.21	28.52	33.44	21.51	83.85	32.29	4.59	1.29	42.58
8月中旬	34.28	36.89	27.17	32.68	19.60	83.04	36.31	4.59	2.18	50.42
8月下旬	37.57	38.00	26.37	32.13	16.78	83.54	42.77	4.59	1.54	40.16
9月上旬	23.29	31.86	23.59	31.15	15.33	82.97	40.06	3.96	0.87	35.99
9月中旬	37.13	27.91	23.12	30.02	13.84	81.95	41.35	3.96	0.96	26.22
合计										384.08

以表6.15的9个气象因子、8个气象因子［旬水面蒸发量（X_2）、旬平均气温（X_3）、旬最高气温（X_4）、旬最低气温（X_5）、旬空气相对湿度（X_6）、旬日照时数（X_7）、实际每天最大日照小时数（X_8）、旬平均风速（X_9）］、3个气象因子［旬水面蒸发量（X_2）、旬空气相对湿度（X_6）、实际每天最大日照小时数（X_8）］，分别进行夏玉米作物需水量的回归分析，得到回归参数见表6.16。

表 6.16　　三义寨引黄灌区夏玉米全生育期 23 样本不同气象因子回归分析参数

气象因子数	相关系数	拟合优度	调整拟合优度	回归自由度	残差自由度	F 显著性统计量	置信度
9 个	1	1	1	9	0	—	100%
8 个	0.9989	0.9978	0.9799	8	1	0.1032	99.99%
3 个	0.8178	0.6688	0.5031	3	6	0.0689	99.99%

将 9 个气象因子、8 个气象因子、3 个气象因子的回归参数列入表 6.17。

表 6.17　　三义寨引黄灌区夏玉米不同气象因子回归参数

参数	9 个气象因子回归分析		8 个气象因子回归分析		3 个气象因子回归分析	
	回归系数	T 检验 P 值	回归系数	T 检验 P 值	回归系数	T 检验 P 值
截距	−531.44	—	−499.36	0.102	−116.37	0.114
X_1	0.13	—	—	—	—	—
X_2	−1.32	—	−1.05	0.278	1.85	0.051
X_3	0.64	—	1.28	0.609	—	—
X_4	12.50	—	10.36	0.164	—	—
X_5	4.10	—	4.03	0.238	—	—
X_6	2.40	—	2.49	0.065	1.76	0.018
X_7	3.33	—	3.10	0.085	—	—
X_8	−53.11	—	−48.22	0.084	−12.61	0.273
X_9	20.26	—	17.63	0.083	—	—

将 9 个气象因子、8 个气象因子、3 个气象因子的回归方程预测值分别计算后，列入表 6.18，不同气象因子预测值与作物需水量计算值对比如图 6.7 所示。

表 6.18　　三义寨引黄灌区夏玉米不同气象因子预测值

时间	作物需水量/mm	9 个气象因子回归方程预测值/mm	8 个气象因子回归方程预测值/mm	3 个气象因子回归方程预测值/mm
6 月中旬	31.38	31.38	31.47	27.49
6 月下旬	25.02	25.02	24.99	31.40
7 月上旬	33.59	33.59	33.65	39.84
7 月中旬	46.42	46.42	46.19	41.84
7 月下旬	52.31	52.31	51.84	54.77

续表

时间	作物需水量/mm	9个气象因子回归方程预测值/mm	8个气象因子回归方程预测值/mm	3个气象因子回归方程预测值/mm
8月上旬	42.58	42.58	43.03	38.22
8月中旬	50.42	50.42	50.10	39.90
8月下旬	40.16	40.16	40.85	42.85
9月上旬	35.99	35.99	36.49	38.43
9月中旬	26.22	26.22	25.48	29.34
合计	384.08	384.08	384.08	384.08

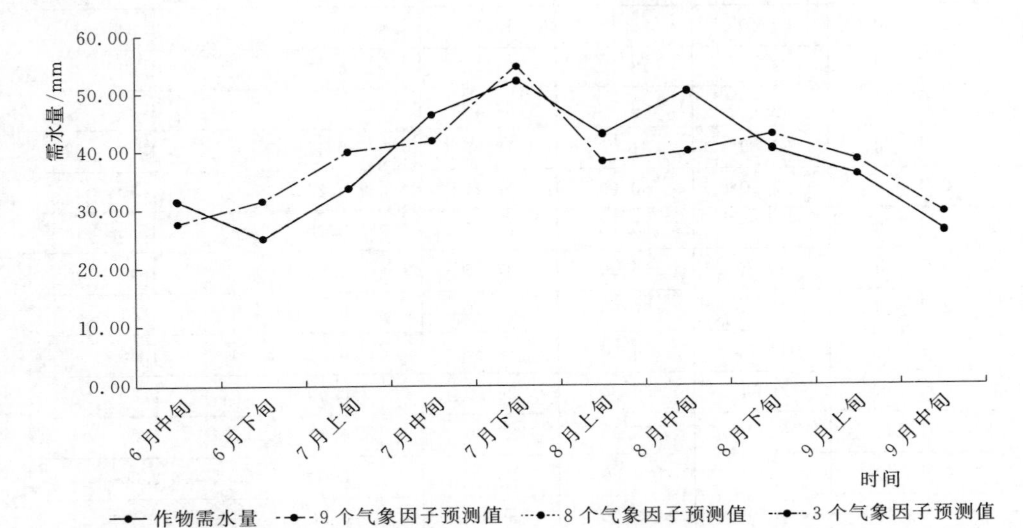

图6.7 三义寨引黄灌区夏玉米不同气象因子预测值与作物需水量计算值对比图

根据以上回归分析，以表6.13的9个气象因子、8个气象因子、3个气象因子回归参数进行对比，可知9个气象因子的调整拟合优度为最大，3种回归的F显著性统计量的P值均$\leqslant 0.0001$，都通过了F检验，回归方程为非常显著水平，置信度达到99.99%。根据表6.17的回归参数可知，旬水面蒸发量（X_2）、旬空气相对湿度（X_6）、实际每天最大日照小时数（X_8）的T检验P值均$\leqslant 0.05$，置信度达到了95%，因此有较好的代表性。根据图6.7可见构建的9个气象因子的回归方程能更准确地预测作物需水量，结合通径分析的结果，最终选择旬水面蒸发量（X_2）、旬空气相对湿度（X_6）、实际每天最大日照小时数（X_8）为构建夏玉米气象指数的代表性因子。

6.1.7　根据极值变化倍数确定范围

对构建气象指数的代表性因子：旬水面蒸发量（X_2）、旬平均气温（X_3）、旬最高气温（X_4）、旬空气相对湿度（X_6）、旬日照时数（X_7）、实际每天最大日照小时数（X_8）、旬平均风速（X_9），筛选出 1999—2019 年 21 年 756 组逐旬气象数据中的最大值、最小值，并计算最大值与平均值、最小值与平均值的变化倍数，见表 6.19～表 6.25、图 6.8～图 6.14。

表 6.19　三义寨引黄灌区旬平均旬水面蒸发量（X_2）极值及变化倍数

时间	最小值 /mm	最大值 /mm	平均值 /mm	最小值比平均值变化倍数	最大值比平均值变化倍数
1 月上旬	2.40	28.10	15.25	0.09	1.84
1 月中旬	5.00	18.00	11.50	0.28	1.57
1 月下旬	9.00	33.20	21.10	0.27	1.57
2 月上旬	3.80	31.90	17.85	0.12	1.79
2 月中旬	7.80	30.60	19.20	0.25	1.59
2 月下旬	10.00	35.70	22.85	0.28	1.56
3 月上旬	19.70	56.00	37.85	0.35	1.48
3 月中旬	17.80	55.00	36.40	0.32	1.51
3 月下旬	11.70	56.00	33.85	0.21	1.65
4 月上旬	0.00	53.00	26.50	0.00	2.00
4 月中旬	0.00	55.00	27.50	0.00	2.00
4 月下旬	0.00	70.60	35.30	0.00	2.00
5 月上旬	16.00	62.00	39.00	0.26	1.59
5 月中旬	22.00	72.90	47.45	0.30	1.54
5 月下旬	33.00	89.30	61.15	0.37	1.46
6 月上旬	18.80	131.20	75.00	0.14	1.75
6 月中旬	28.00	99.50	63.75	0.28	1.56
6 月下旬	17.70	82.80	50.25	0.21	1.65
7 月上旬	22.00	86.00	54.00	0.26	1.59
7 月中旬	16.00	93.20	54.60	0.17	1.71
7 月下旬	21.00	90.60	55.80	0.23	1.62
8 月上旬	15.00	69.60	42.30	0.22	1.65
8 月中旬	16.00	75.00	45.50	0.21	1.65
8 月下旬	22.90	67.00	44.95	0.34	1.49

续表

时间	最小值 /mm	最大值 /mm	平均值 /mm	最小值比平均值变化倍数	最大值比平均值变化倍数
9月上旬	9.00	69.00	39.00	0.13	1.77
9月中旬	13.00	49.90	31.45	0.26	1.59
9月下旬	12.00	57.50	34.75	0.21	1.65
10月上旬	9.00	45.00	27.00	0.20	1.67
10月中旬	12.00	35.00	23.50	0.34	1.49
10月下旬	9.70	41.80	25.75	0.23	1.62
11月上旬	4.60	39.90	22.25	0.12	1.79
11月中旬	6.50	30.00	18.25	0.22	1.64
11月下旬	6.80	34.30	20.55	0.20	1.67
12月上旬	3.10	30.00	16.55	0.10	1.81
12月中旬	5.00	22.00	13.50	0.23	1.63
12月下旬	8.10	28.00	18.05	0.29	1.55
变化倍数平均值				0.21	1.66

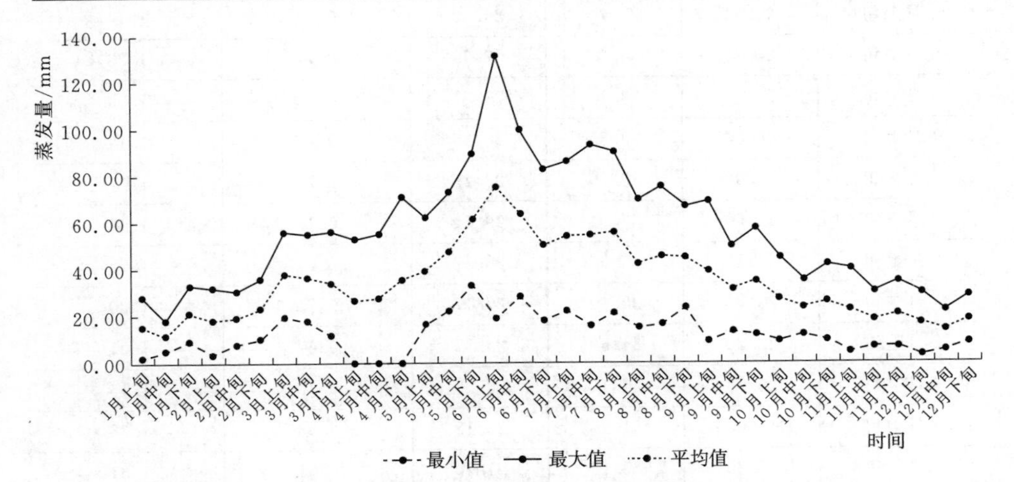

图 6.8　三义寨引黄灌区旬平均旬水面蒸发量（X_2）极值变化图

表 6.20　　三义寨引黄灌区旬平均气温（X_3）极值及变化倍数

时间	最小值 /℃	最大值 /℃	平均值 /℃	最小值比平均值变化倍数	最大值比平均值变化倍数
1月上旬	−4.78	10.50	1.02	−0.46	10.27
1月中旬	−3.40	10.50	1.22	−0.32	8.63

续表

时间	最小值/℃	最大值/℃	平均值/℃	最小值比平均值变化倍数	最大值比平均值变化倍数
1 月下旬	−4.50	16.00	1.78	−0.28	9.00
2 月上旬	−1.70	7.65	1.96	−0.22	3.91
2 月中旬	−3.40	9.50	4.16	−0.36	2.29
2 月下旬	−2.10	10.96	5.83	−0.19	1.88
3 月上旬	2.40	12.80	7.72	0.19	1.66
3 月中旬	6.10	14.90	10.46	0.41	1.42
3 月下旬	9.81	16.75	12.96	0.59	1.29
4 月上旬	10.29	16.55	14.29	0.62	1.16
4 月中旬	11.10	20.00	16.52	0.56	1.21
4 月下旬	14.50	23.40	18.43	0.62	1.27
5 月上旬	16.40	27.39	20.79	0.60	1.32
5 月中旬	19.20	27.65	22.13	0.69	1.25
5 月下旬	20.60	28.00	24.67	0.74	1.14
6 月上旬	21.00	29.74	26.12	0.71	1.14
6 月中旬	24.30	34.38	27.99	0.71	1.23
6 月下旬	24.00	33.15	27.87	0.72	1.19
7 月上旬	26.00	33.85	28.35	0.77	1.19
7 月中旬	24.00	33.00	28.29	0.73	1.17
7 月下旬	25.60	33.04	29.54	0.77	1.12
8 月上旬	25.28	35.57	28.52	0.71	1.25
8 月中旬	23.00	32.50	27.17	0.71	1.20
8 月下旬	23.20	34.50	26.37	0.67	1.31
9 月上旬	20.70	27.10	23.59	0.76	1.15
9 月中旬	17.00	31.94	23.12	0.53	1.38
9 月下旬	17.20	28.10	21.50	0.61	1.31
10 月上旬	7.90	21.90	18.43	0.36	1.19
10 月中旬	13.00	16.50	24.25	0.79	0.68
10 月下旬	10.10	19.95	15.24	0.51	1.31
11 月上旬	9.30	18.00	12.60	0.52	1.43
11 月中旬	−1.30	11.53	8.54	−0.11	1.35
11 月下旬	0.40	10.90	8.37	0.04	1.30

续表

时间	最小值/℃	最大值/℃	平均值/℃	最小值比平均值变化倍数	最大值比平均值变化倍数
12月上旬	0.90	9.00	4.37	0.10	2.06
12月中旬	−0.40	12.70	2.97	−0.03	4.27
12月下旬	−2.80	16.20	2.53	−0.17	6.40
变化倍数平均值				0.38	2.29

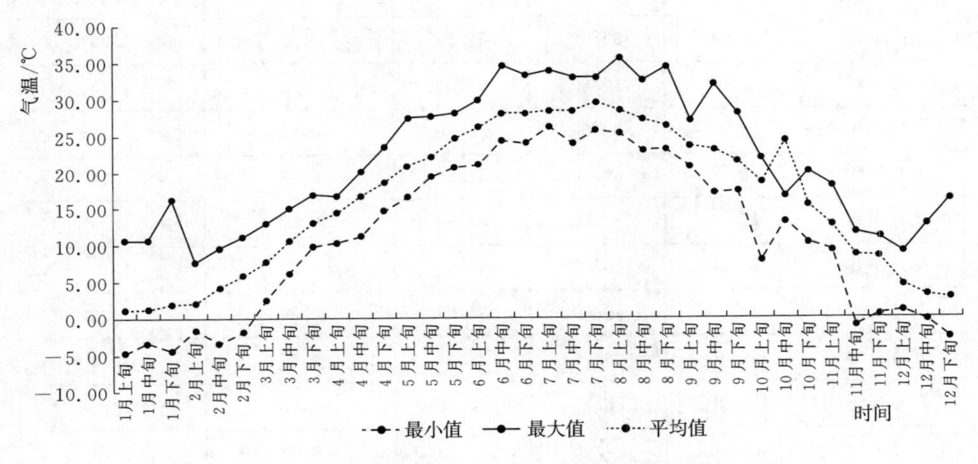

图 6.9　三义寨引黄灌区旬平均气温（X_3）极值变化图

表 6.21　　三义寨引黄灌区旬最高气温（X_4）极值及变化倍数

时　间	最小值/℃	最大值/℃	平均值/℃	最小值比平均值变化倍数	最大值比平均值变化倍数
1月上旬	7.00	10.60	10.18	0.69	1.04
1月中旬	−2.00	13.00	11.59	−0.17	1.12
1月下旬	2.00	18.00	10.07	0.20	1.79
2月上旬	−2.50	19.00	14.61	−0.17	1.30
2月中旬	1.70	20.50	13.84	0.12	1.48
2月下旬	0.00	27.30	19.33	0.00	1.41
3月上旬	2.50	30.50	18.27	0.14	1.67
3月中旬	7.50	27.00	21.69	0.35	1.25
3月下旬	6.00	30.50	23.21	0.26	1.31

续表

时　间	最小值/℃	最大值/℃	平均值/℃	最小值比平均值变化倍数	最大值比平均值变化倍数
4月上旬	8.30	35.50	23.89	0.35	1.49
4月中旬	9.60	30.40	24.84	0.39	1.22
4月下旬	10.10	32.20	26.28	0.38	1.23
5月上旬	15.50	32.60	29.37	0.53	1.11
5月中旬	16.00	35.20	31.13	0.51	1.13
5月下旬	3.60	39.00	30.33	0.12	1.29
6月上旬	20.00	39.50	35.00	0.57	1.13
6月中旬	25.00	39.00	35.43	0.71	1.10
6月下旬	23.00	39.80	35.38	0.65	1.13
7月上旬	25.50	37.80	34.80	0.73	1.09
7月中旬	24.00	40.50	34.54	0.69	1.17
7月下旬	28.00	40.00	34.87	0.80	1.15
8月上旬	22.50	38.00	33.44	0.67	1.14
8月中旬	24.00	38.20	32.68	0.73	1.17
8月下旬	21.00	37.00	32.13	0.65	1.15
9月上旬	18.00	35.00	31.15	0.58	1.12
9月中旬	16.10	36.00	30.02	0.54	1.20
9月下旬	16.50	33.00	29.26	0.56	1.13
10月上旬	15.50	34.00	27.95	0.55	1.22
10月中旬	15.00	32.00	26.54	0.57	1.21
10月下旬	14.00	29.20	23.24	0.60	1.26
11月上旬	11.00	28.00	22.66	0.49	1.24
11月中旬	9.00	25.50	17.37	0.52	1.47
11月下旬	6.00	20.50	15.71	0.38	1.30
12月上旬	1.40	20.80	12.27	0.11	1.69
12月中旬	1.50	16.00	9.84	0.15	1.63
12月下旬	3.40	18.00	11.82	0.29	1.52
变化倍数平均值				0.42	1.28

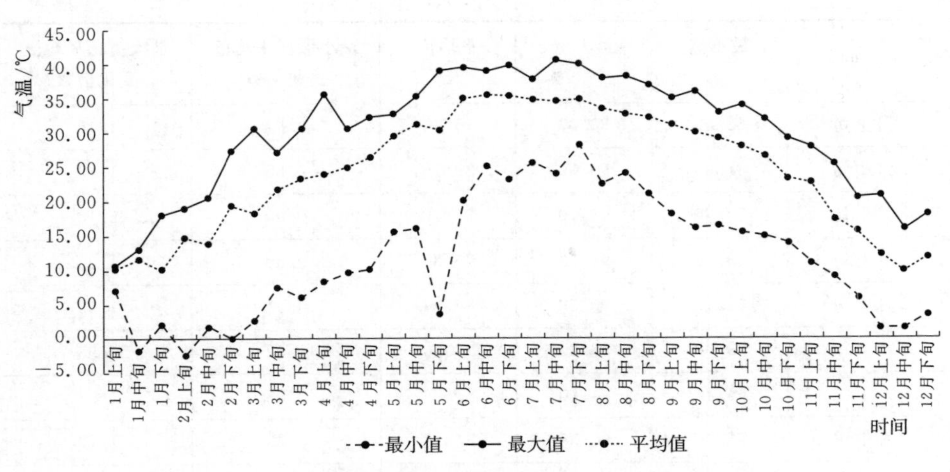

图 6.10 三义寨引黄灌区旬最高气温（X_4）极值变化图

表 6.22 三义寨引黄灌区旬空气相对湿度（X_6）极值及变化倍数

时 间	最小值 /%	最大值 /%	平均值 /%	最小值比平均值变化倍数	最大值比平均值变化倍数
1月上旬	56.40	92.67	74.54	0.76	1.24
1月中旬	62.30	93.20	77.75	0.80	1.20
1月下旬	57.00	92.65	74.83	0.76	1.24
2月上旬	0.00	93.07	46.54	0.00	2.00
2月中旬	0.00	96.00	48.00	0.00	2.00
2月下旬	0.00	92.83	46.42	0.00	2.00
3月上旬	44.00	89.13	66.57	0.66	1.34
3月中旬	50.50	92.97	71.74	0.70	1.30
3月下旬	44.00	91.60	67.80	0.65	1.35
4月上旬	56.00	86.33	71.17	0.79	1.21
4月中旬	54.70	90.17	72.44	0.76	1.24
4月下旬	49.90	94.50	72.20	0.69	1.31
5月上旬	61.30	87.27	74.29	0.83	1.17
5月中旬	50.80	88.89	69.85	0.73	1.27
5月下旬	61.30	94.10	77.70	0.79	1.21
6月上旬	50.90	85.27	68.09	0.75	1.25
6月中旬	49.80	83.40	66.60	0.75	1.25
6月下旬	65.00	89.00	77.00	0.84	1.16

续表

时　间	最小值 /%	最大值 /%	平均值 /%	最小值比平均值变化倍数	最大值比平均值变化倍数
7 月上旬	63.40	88.07	75.74	0.84	1.16
7 月中旬	68.00	92.30	80.15	0.85	1.15
7 月下旬	75.80	93.10	84.45	0.90	1.10
8 月上旬	63.40	95.30	79.35	0.80	1.20
8 月中旬	76.10	90.58	83.34	0.91	1.09
8 月下旬	89.00	86.20	87.60	1.02	0.98
9 月上旬	66.40	94.10	80.25	0.83	1.17
9 月中旬	68.00	96.30	82.15	0.83	1.17
9 月下旬	62.00	91.47	76.74	0.81	1.19
10 月上旬	49.00	91.23	70.12	0.70	1.30
10 月中旬	68.00	93.20	80.60	0.84	1.16
10 月下旬	57.00	96.10	76.55	0.74	1.26
11 月上旬	50.50	98.80	74.65	0.68	1.32
11 月中旬	60.50	96.80	78.65	0.77	1.23
11 月下旬	52.00	96.90	74.45	0.70	1.30
12 月上旬	54.20	92.50	73.35	0.74	1.26
12 月中旬	8.90	94.00	51.45	0.17	1.83
12 月下旬	60.48	90.00	75.24	0.80	1.20
变化倍数平均值				0.70	1.30

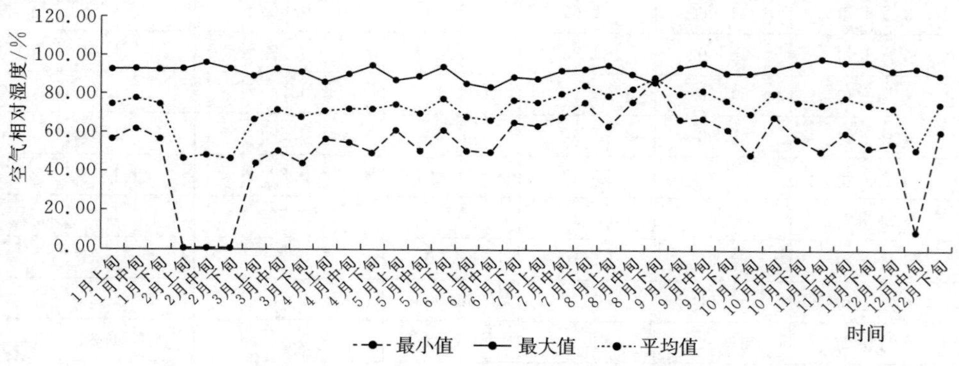

图 6.11　三义寨引黄灌区旬空气相对湿度（X_6）极值变化图

表 6.23　　三义寨引黄灌区旬日照时数（X_7）极值及变化倍数

时　间	最小值 /h	最大值 /h	平均值 /h	最小值比平均值变化倍数	最大值比平均值变化倍数
1月上旬	5.10	66.30	31.70	0.16	2.09
1月中旬	0.00	57.30	29.18	0.00	1.96
1月下旬	10.00	73.00	41.17	0.24	1.77
2月上旬	6.00	76.30	37.32	0.16	2.04
2月中旬	5.00	65.60	36.27	0.14	1.81
2月下旬	0.00	77.10	34.25	0.00	2.25
3月上旬	23.80	73.90	51.06	0.47	1.45
3月中旬	13.40	91.30	50.23	0.27	1.82
3月下旬	0.00	97.40	63.98	0.00	1.52
4月上旬	22.60	84.00	58.10	0.39	1.45
4月中旬	29.20	99.00	59.22	0.49	1.67
4月下旬	13.00	94.50	62.17	0.21	1.52
5月上旬	26.50	97.70	63.37	0.42	1.54
5月中旬	10.80	93.00	63.02	0.17	1.48
5月下旬	40.50	106.90	64.72	0.63	1.65
6月上旬	0.00	75.50	46.49	0.00	1.62
6月中旬	0.00	90.90	57.55	0.00	1.58
6月下旬	0.00	103.00	41.82	0.00	2.46
7月上旬	10.10	67.50	36.82	0.27	1.83
7月中旬	0.00	90.70	38.65	0.00	2.35
7月下旬	2.40	86.80	40.81	0.06	2.13
8月上旬	2.70	88.80	32.29	0.08	2.75
8月中旬	6.30	82.10	36.31	0.17	2.26
8月下旬	8.10	84.30	42.77	0.19	1.97
9月上旬	2.10	77.00	40.06	0.05	1.92
9月中旬	2.50	69.40	41.35	0.06	1.68
9月下旬	8.80	77.70	39.33	0.22	1.98
10月上旬	6.40	70.30	41.23	0.16	1.71
10月中旬	11.00	86.30	40.57	0.27	2.13
10月下旬	18.00	83.90	42.13	0.43	1.99
11月上旬	12.00	74.10	42.25	0.28	1.75

续表

时　间	最小值/h	最大值/h	平均值/h	最小值比平均值变化倍数	最大值比平均值变化倍数
11 月中旬	2.20	68.50	39.36	0.06	1.74
11 月下旬	0.80	66.90	30.81	0.03	2.17
12 月上旬	5.70	73.10	36.82	0.15	1.99
12 月中旬	0.00	62.90	32.35	0.00	1.94
12 月下旬	8.90	64.90	38.31	0.23	1.69
变化倍数平均值				0.18	1.88

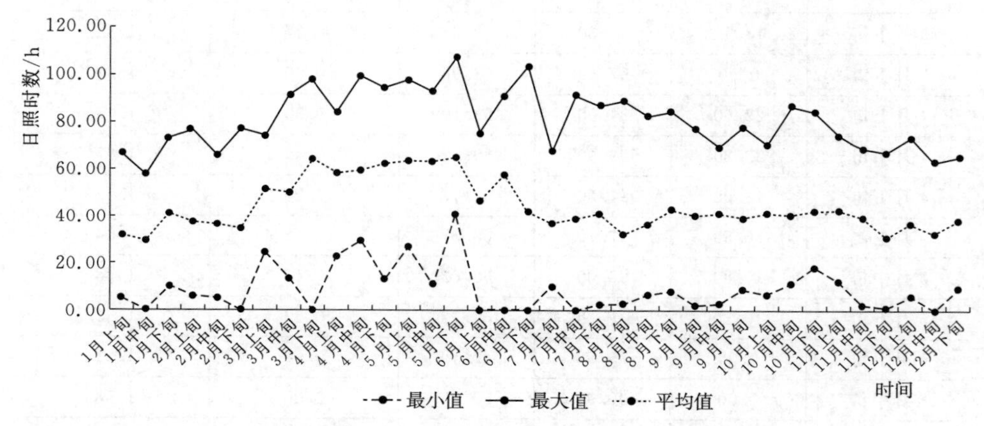

图 6.12　三义寨引黄灌区旬日照时数（X_7）极值变化图表

表 6.24　三义寨引黄灌区旬实际每天最大日照小时数（X_8）极值及变化倍数

时　间	最小值/h	最大值/h	平均值/h	最小值比平均值变化倍数	最大值比平均值变化倍数
1月上旬	0.51	6.63	3.57	0.14	1.86
1月中旬	0.00	5.73	2.87	0.00	2.00
1月下旬	0.91	6.64	3.77	0.24	1.76
2月上旬	0.60	7.63	4.12	0.15	1.85
2月中旬	0.50	6.56	3.53	0.14	1.86
2月下旬	0.00	8.57	4.28	0.00	2.00
3月上旬	2.38	7.39	4.89	0.49	1.51
3月中旬	1.34	9.13	5.24	0.26	1.74
3月下旬	0.00	8.85	4.43	0.00	2.00

续表

时 间	最小值 /h	最大值 /h	平均值 /h	最小值比平均值变化倍数	最大值比平均值变化倍数
4月上旬	2.26	8.40	5.33	0.42	1.58
4月中旬	2.92	9.90	6.41	0.46	1.54
4月下旬	1.30	9.45	5.38	0.24	1.76
5月上旬	2.65	9.77	6.21	0.43	1.57
5月中旬	1.08	9.30	5.19	0.21	1.79
5月下旬	3.68	9.72	6.70	0.55	1.45
6月上旬	0.00	7.55	3.78	0.00	2.00
6月中旬	0.00	9.09	4.55	0.00	2.00
6月下旬	0.00	10.30	5.15	0.00	2.00
7月上旬	1.01	6.75	3.88	0.26	1.74
7月中旬	0.00	9.07	4.54	0.00	2.00
7月下旬	0.22	7.89	4.05	0.05	1.95
8月上旬	0.27	8.88	4.58	0.06	1.94
8月中旬	0.00	8.21	4.11	0.00	2.00
8月下旬	0.74	7.66	4.20	0.18	1.82
9月上旬	0.21	7.70	3.96	0.05	1.95
9月中旬	0.25	6.94	3.60	0.07	1.93
9月下旬	0.88	7.77	4.33	0.20	1.80
10月上旬	1.48	7.03	4.26	0.35	1.65
10月中旬	1.10	8.63	4.87	0.23	1.77
10月下旬	0.00	7.63	3.81	0.00	2.00
11月上旬	1.20	7.41	4.31	0.28	1.72
11月中旬	0.22	6.85	3.54	0.06	1.94
11月下旬	0.08	6.69	3.39	0.02	1.98
12月上旬	0.57	7.31	3.94	0.14	1.86
12月中旬	0.00	6.29	3.15	0.00	2.00
12月下旬	0.81	5.90	3.35	0.24	1.76
变化倍数平均值				0.16	1.84

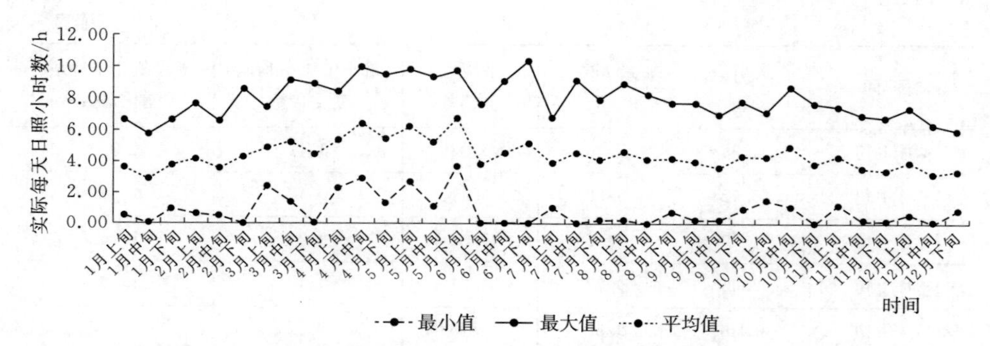

图 6.13　三义寨引黄灌区旬实际每天最大日照小时数（X_8）极值变化图

表 6.25　　三义寨引黄灌区旬平均风速（X_9）极值及变化倍数

时　间	最小值 /(m/s)	最大值 /(m/s)	平均值 /(m/s)	最小值比平均值变化倍数	最大值比平均值变化倍数
1月上旬	0.20	3.30	1.39	0.14	2.37
1月中旬	0.37	2.74	1.20	0.30	2.28
1月下旬	0.44	2.60	1.41	0.31	1.84
2月上旬	0.54	2.60	1.40	0.38	1.86
2月中旬	0.60	18.30	2.20	0.27	8.32
2月下旬	0.20	16.70	2.13	0.09	7.85
3月上旬	0.50	22.70	2.66	0.19	8.53
3月中旬	0.30	9.70	2.13	0.14	4.56
3月下旬	0.20	19.30	2.40	0.08	8.04
4月上旬	0.50	27.00	3.15	0.16	8.58
4月中旬	0.50	22.80	2.73	0.18	8.36
4月下旬	0.10	12.30	2.11	0.05	5.84
5月上旬	0.65	3.00	1.63	0.40	1.84
5月中旬	0.50	2.70	1.41	0.36	1.92
5月下旬	0.40	2.70	1.35	0.30	2.00
6月上旬	0.43	13.00	2.09	0.21	6.22
6月中旬	0.40	11.30	2.05	0.20	5.52
6月下旬	0.45	11.70	1.82	0.25	6.42
7月上旬	0.51	8.70	1.61	0.32	5.41
7月中旬	0.50	10.00	1.56	0.32	6.41
7月下旬	0.50	2.42	1.14	0.44	2.12

续表

时　间	最小值/(m/s)	最大值/(m/s)	平均值/(m/s)	最小值比平均值变化倍数	最大值比平均值变化倍数
8月上旬	0.20	7.30	1.29	0.16	5.66
8月中旬	0.10	19.70	2.18	0.05	9.05
8月下旬	0.30	11.70	1.54	0.20	7.61
9月上旬	0.10	2.70	0.87	0.12	3.11
9月中旬	0.20	2.30	0.96	0.21	2.39
9月下旬	0.30	2.50	1.07	0.28	2.33
10月上旬	0.20	3.00	1.14	0.18	2.63
10月中旬	0.20	29.00	2.66	0.08	10.90
10月下旬	0.40	2.00	1.15	0.35	1.74
11月上旬	0.50	4.70	1.51	0.33	3.11
11月中旬	0.50	11.00	1.64	0.31	6.72
11月下旬	0.40	2.30	1.21	0.33	1.90
12月上旬	0.40	12.30	2.04	0.20	6.02
12月中旬	0.50	8.00	1.72	0.29	4.66
12月下旬	0.36	6.00	1.53	0.24	3.93
变化倍数平均值				0.23	4.95

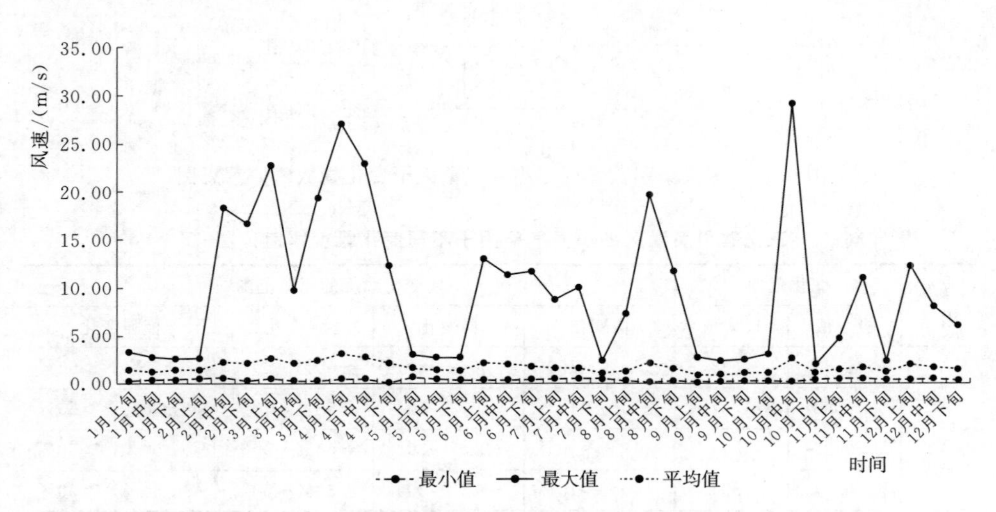

图 6.14　三义寨引黄灌区旬平均风速（X_9）极值变化图

6.2　引黄灌区灌溉水量动态阈值预测

6.2.1　气象指数及变化幅度确定

6.2.1.1　冬小麦气象指数及变化幅度

构建的9个气象因子的回归方程能更准确地预测作物需水量，结合通径分析和回归分析的结果，选择旬平均气温（X_3）、旬最高气温（X_4）、旬日照时数（X_7）、旬平均风速（X_9）为构建气象指数的代表性因子。根据4个气象因子的极值及变化倍数，确定变化幅度为微变化、弱变化和强变化，不同变化幅度的阈值范围见表6.26。微变化是指4个气象因子构建的气象指数为－10%～10%，弱变化是指4个气象因子构建的气象指数为－30%～30%，强变化是指4个气象因子构建的气象指数为－50%～50%，如图6.15所示。

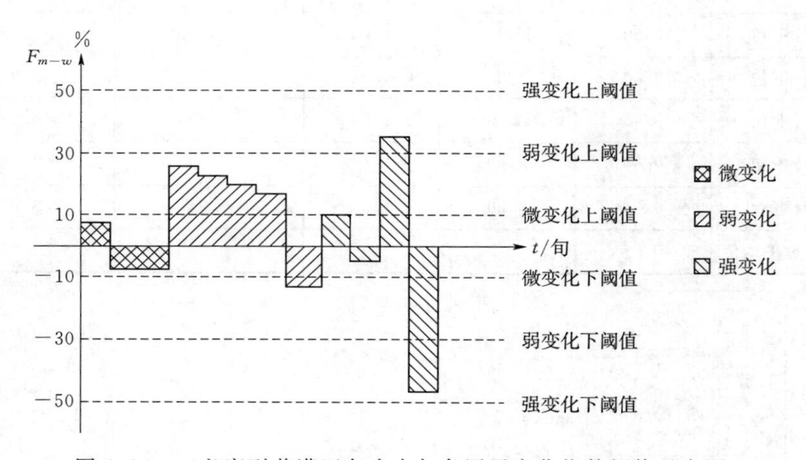

图6.15　三义寨引黄灌区冬小麦气象因子变化指数阈值示意图

表6.26　三义寨引黄灌区冬小麦气象因子不同变化幅度阈值范围

气象因子	变化范围		不同变化幅度的阈值范围			
	极小值	极大值	微变化	弱变化	强变化	极强变化
X_3	－0.63	2.28	－10%～10%	－30%～30%	－50%～50%	<－50%，>50%
X_4	－0.58	1.27	－10%～10%	－30%～30%	－50%～50%	<－50%，>50%
X_7	－0.83	1.84	－10%～10%	－30%～30%	－50%～50%	<－50%，>50%
X_9	－0.77	4.94	－10%～10%	－30%～30%	－50%～50%	<－50%，>50%

冬小麦气象指数计算如式（6.5）所示：

$$F_{m-w}=\left[0.25\times\left(\frac{x_3-\overline{x}_3}{\overline{x}_3}\right)+0.25\times\left(\frac{x_4-\overline{x}_4}{\overline{x}_4}\right)\right.$$
$$\left.+0.25\times\left(\frac{x_7-\overline{x}_7}{\overline{x}_7}\right)+0.25\times\left(\frac{x_9-\overline{x}_9}{\overline{x}_9}\right)\right]\times 100\% \qquad (6.5)$$

式中　F_{m-w}——冬小麦气象因子变化指数；

x_3、$\overline{x}_3$——旬平均气温实测值、多年平均值,℃；

x_4、$\overline{x}_4$——旬最高气温实测值、多年平均值,℃；

x_7、$\overline{x}_7$——旬日照时数实测值、多年平均值，h；

x_9、$\overline{x}_9$——旬平均风速实测值、多年平均值，m/s。

冬小麦的全生育期是每年的10月中旬至次年的5月下旬共计23旬，以1999—2019年21年756组逐旬气象数据为基础，利用式（6.5）计算冬小麦气象指数，并按照表6.26的阈值范围对每旬在21年间气象指数变化幅度进行确定，统计4种变化幅度的出现次数，见表6.27。从图6.16可见气象指数极强变化出现次数最多的时间是1月上、中、下旬，强变化出现次数最多的时间是2月上旬及12月下旬，3月下旬至5月下旬气象指数变化幅度是微变化和弱变化占主导地位。气象指数4种变化幅度在483组数据出现频率如图6.17所示，弱变化出现的频率最高，占40.79%；极强变化出现的频率最低，占13.87%。

表6.27　三义寨引黄灌区冬小麦1999—2019年全生育期旬气象指数变化幅度统计

时　间	微变化	弱变化	强变化	极强变化	合计
1月上旬	0	5	2	14	21
1月中旬	2	6	1	12	21
1月下旬	2	9	4	6	21
2月上旬	2	5	9	5	21
2月中旬	5	9	5	2	21
2月下旬	5	10	4	2	21
3月上旬	8	8	3	2	21
3月中旬	8	9	2	2	21
3月下旬	10	7	2	2	21
4月上旬	10	8	2	1	21
4月中旬	10	6	4	1	21
4月下旬	10	8	2	1	21
5月上旬	7	13	1	0	21

续表

时　间	微变化	弱变化	强变化	极强变化	合计
5 月中旬	12	9	0	0	21
5 月下旬	7	13	1	0	21
10 月中旬	6	10	3	2	21
10 月下旬	10	7	3	1	21
11 月上旬	6	13	1	1	21
11 月中旬	10	8	1	2	21
11 月下旬	8	8	5	0	21
12 月上旬	4	9	5	3	21
12 月中旬	5	8	3	5	21
12 月下旬	1	9	8	3	21
合计	148	197	71	67	483

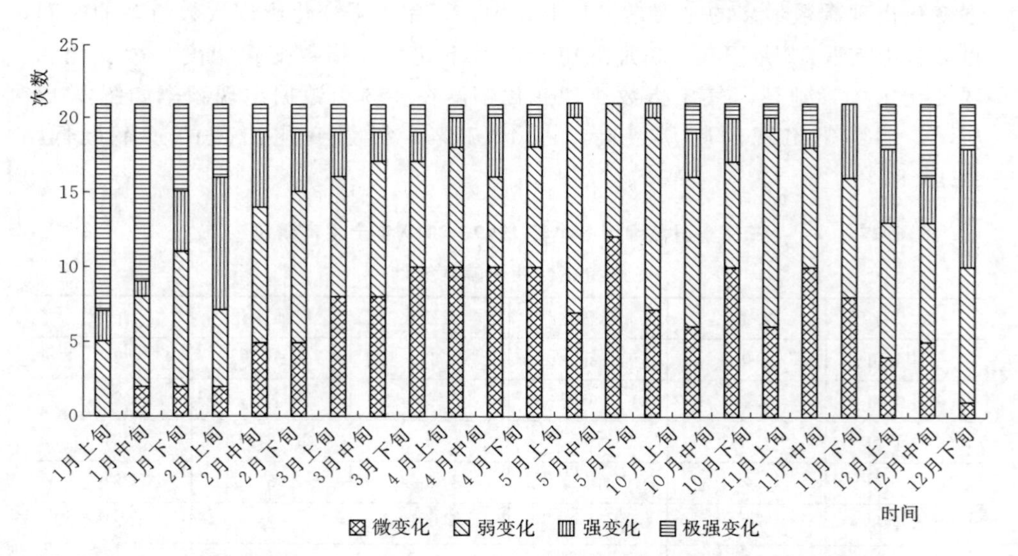

图 6.16　三义寨引黄灌区冬小麦 1999—2019 年全生育期旬气象指数变化幅度出现次数

6.2.1.2　棉花及夏玉米的气象指数及变化幅度

构建的 9 个气象因子的回归方程能更准确地预测作物需水量，结合通径分析和回归分析的结果，选择旬水面蒸发量（X_2）、旬空气相对湿度（X_6）、实际每天最大日照小时数（X_8）为构建棉花气象指数的代表性因子。根据 3 个气象因子的极值及变化倍数，确定变化幅度为微变化、弱变化和强变化，不同变化幅度的阈值范围见表 6.28。微变化是指 3 个气象因子构建的气象指数为

－10％～10％，弱变化是指 3 个气象因子构建的气象指数为－20％～20％，强变化是指 3 个气象因子构建的气象指数为－30％～30％，如图 6.18 所示。

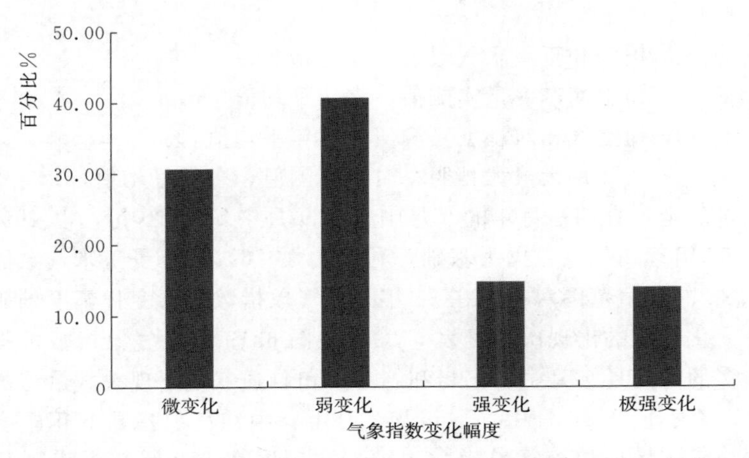

图 6.17 三义寨引黄灌区冬小麦 1999—2019 年全生育期气象指数变化幅度出现百分比

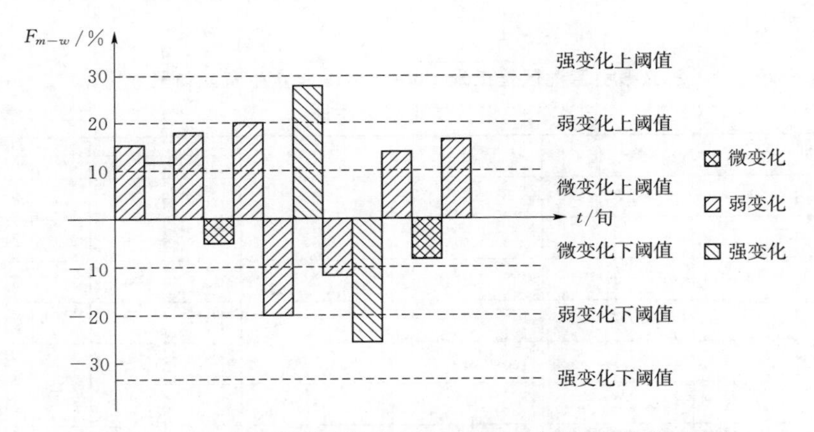

图 6.18 三义寨引黄灌区棉花-夏玉米气象因子变化指数阈值图

表 6.28 三义寨引黄灌区棉花和夏玉米气象因子不同变化幅度阈值范围

气象因子	变化范围		不同变化幅度的阈值范围			
	极小值	极大值	微变化	弱变化	强变化	极强变化
X_2	－0.79	1.66	－10％～10％	－20％～20％	－30％～30％	<－30％，>30％
X_6	－0.30	1.30	－10％～10％	－20％～20％	－30％～30％	<－30％，>30％
X_8	－0.84	1.84	－10％～10％	－20％～20％	－30％～30％	<－30％，>30％

棉花和夏玉米气象指数计算如式（6.6）所示：

$$F_{m-cc}=\left[0.33\times\left(\frac{x_2-\overline{x}_2}{\overline{x}_2}\right)+0.33\times\left(\frac{x_6-\overline{x}_6}{\overline{x}_6}\right)+0.34\times\left(\frac{x_8-\overline{x}_8}{\overline{x}_8}\right)\right]\times 100\% \tag{6.6}$$

式中：F_{m-cc}——棉花和夏玉米气象因子变化指数；

x_2，$\overline{x}_2$——旬水面蒸发量实测值、多年平均值，mm；

x_6，$\overline{x}_6$——旬空气相对湿度实测值、多年平均值，%；

x_8，$\overline{x}_8$——实际每天最大日照小时数实测值、多年平均值，h。

夏玉米的全生育期是每年的 6 月中旬至 9 月中旬共 10 旬，以 1999—2019 年 21 年 756 组逐旬气象数据为基础，利用式（6.6）计算夏玉米气象因子，并按照表 6.28 的阈值范围对每旬在 21 年间的气象指数进行变化幅度的确定，并统计 4 种变化幅度的出现次数见表 6.29。从图 6.19 可见气象指数极强变化出现次数最多的时间是 7 月中、下旬和 8 月上旬，强变化出现次数最多的时间是 7 月上旬及 8 月下旬，6 月中、下旬及 9 月上、中旬气象指数变化幅度是微变化和弱变化占主导地位。气象指数 4 种变化幅度在 210 组数据出现频率如图 6.20 所示，极强变化出现的频率最高，占 28.57%；强变化出现的频率最低，占 14.70%。

表 6.29　　三义寨引黄灌区夏玉米 1999—2019 年全生育期旬气象指数变化幅度统计

时　间	微变化	弱变化	强变化	极强变化	合计
6 月中旬	8	8	2	3	21
6 月下旬	8	7	2	4	21
7 月上旬	6	6	5	4	21
7 月中旬	7	2	4	8	21
7 月下旬	5	3	5	8	21
8 月上旬	2	7	4	8	21
8 月中旬	6	5	3	7	21
8 月下旬	4	7	6	4	21
9 月上旬	7	4	1	9	21
9 月中旬	5	8	3	5	21
合计	58	57	35	60	210

棉花的全生育期是每年的 4 月上旬至 10 月下旬共 21 旬，以 1999—2019 年 21 年 756 组逐旬气象数据为基础，利用式（6.6）计算棉花气象因子，并按照表 6.28 的阈值范围对每旬在 21 年间的气象指数进行变化幅度的确定，并统计 4 种变化幅度的出现次数见表 6.30。从图 6.21 可见，气象指数极强变化出

现次数最多的时间是7月中下旬、8月上旬及9月上旬，强变化出现次数最多的时间是7月上旬、8月下旬及10月下旬，其他时段气象指数变化幅度是微变化和弱变化占主导地位。气象指数4种变化幅度在441组数据出现频率如图6.22所示，微变化出现的频率最高，占34.01%；弱变化出现的频率为第二位，占28.34%；强变化频率最低，占15.65%。

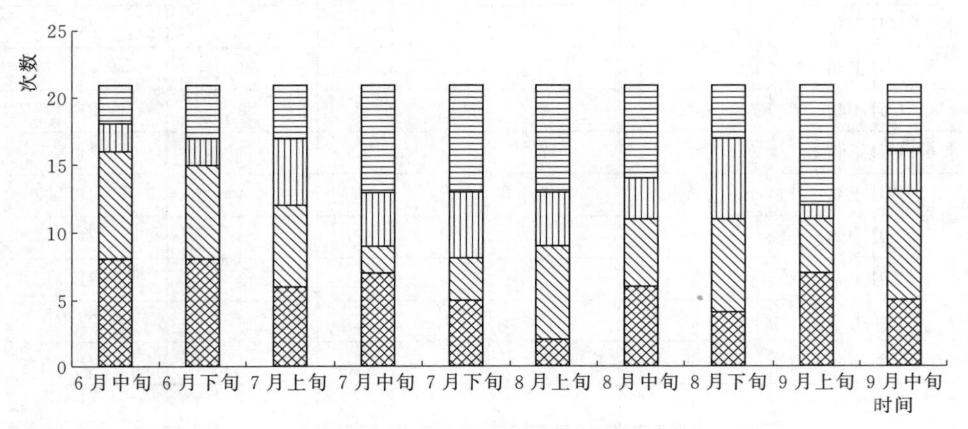

图6.19 三义寨引黄灌区夏玉米1999—2019年全生育期旬气象指数变化幅度出现次数

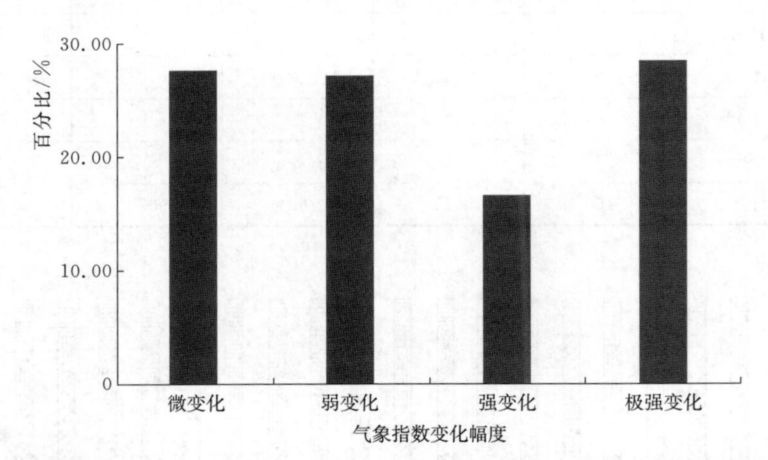

图6.20 三义寨引黄灌区夏玉米1999—2019年全生育期气象指数变化幅度出现百分比

表6.30 三义寨引黄灌区棉花1999—2019年全生育期旬气象指数变化幅度统计

时 间	微变化	弱变化	强变化	极强变化	合计
4月上旬	9	6	3	3	21
4月中旬	6	9	3	3	21

续表

时　间	微变化	弱变化	强变化	极强变化	合计
4 月下旬	13	4	1	3	21
5 月上旬	8	7	4	2	21
5 月中旬	9	4	4	4	21
5 月下旬	11	7	1	2	21
6 月上旬	9	8	3	1	21
6 月中旬	8	8	2	3	21
6 月下旬	8	7	2	4	21
7 月上旬	6	6	5	4	21
7 月中旬	7	2	4	8	21
7 月下旬	5	3	5	8	21
8 月上旬	2	7	4	8	21
8 月中旬	6	5	3	7	21
8 月下旬	4	7	6	4	21
9 月上旬	7	4	1	9	21
9 月中旬	5	8	3	5	21
9 月下旬	6	9	3	3	21
10 月上旬	9	4	3	5	21
10 月中旬	7	7	1	6	21
10 月下旬	5	3	8	5	21
合计	150	125	69	97	441

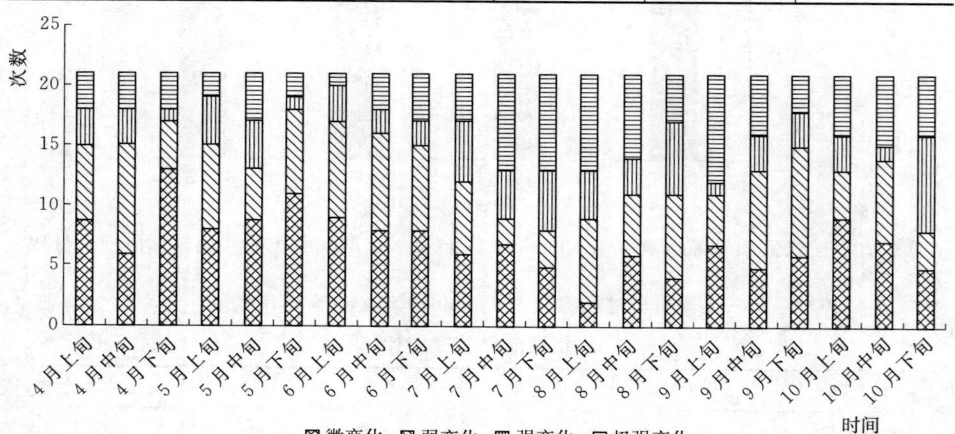

图 6.21　三义寨引黄灌区棉花 1999—2019 年全生育期旬气象指数变化幅度出现次数

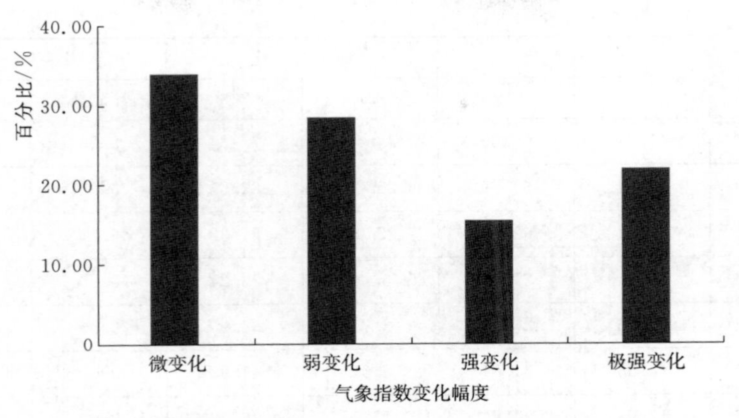

图 6.22 三义寨引黄灌棉花 1999—2019 年全生育期气象指数变化幅度出现百分比

6.2.2 灌溉作物需水量动态阈值预测

对三义寨引黄灌区中的冬小麦、夏玉米、棉花等作物，按微变化、弱变化、强变化的不同上下界限，计算三种作物全生育期不同变化幅度作物需水量阈值，计算见表 6.31～表 6.33。

表 6.31 三义寨引黄灌区冬小麦全生育期不同变化幅度作物需水量阈值

单位：mm

时间	微变化		弱变化		强变化	
	−10%	10%	−30%	30%	−50%	50%
1月上旬	0.00	8.27	0.00	17.87	0.00	27.47
1月中旬	0.00	6.79	0.00	16.12	0.00	25.45
1月下旬	9.14	20.17	0.00	31.21	0.00	42.24
2月上旬	8.52	19.42	0.00	30.31	0.00	41.21
2月中旬	13.98	26.09	1.87	38.20	0.00	50.31
2月下旬	19.79	33.19	6.39	46.59	0.00	59.99
3月上旬	33.36	49.78	16.95	66.19	0.53	82.61
3月中旬	34.01	50.57	17.45	67.13	0.89	83.69
3月下旬	51.24	71.63	30.85	92.01	10.46	112.40
4月上旬	40.49	58.48	22.49	76.48	4.49	94.48
4月中旬	37.83	55.23	20.42	72.64	3.01	90.05
4月下旬	43.19	61.79	24.59	80.39	5.99	98.99

续表

时　间	微　变　化		弱　变　化		强　变　化	
	−10%	10%	−30%	30%	−50%	50%
5 月上旬	41.77	60.06	23.49	78.34	5.20	96.63
5 月中旬	44.74	63.69	25.80	82.63	6.85	101.58
5 月下旬	43.84	62.58	25.09	81.32	6.35	100.07
10 月中旬	10.55	21.90	0.00	33.24	0.00	44.59
10 月下旬	15.16	27.53	2.79	39.90	0.00	52.27
11 月上旬	18.66	31.81	5.51	44.95	0.00	58.10
11 月中旬	12.93	24.80	1.05	36.68	0.00	48.55
11 月下旬	0.00	7.94	0.00	16.74	0.00	25.55
12 月上旬	7.28	17.90	0.00	28.52	0.00	39.14
12 月中旬	0.10	9.13	0.00	18.15	0.00	27.18
12 月下旬	8.71	19.65	0.00	30.59	0.00	41.53
合计	495.30	808.39	224.74	1126.22	43.79	1444.05

表 6.32　　三义寨引黄灌区夏玉米全生育期不同变化幅度作物需水量阈值

单位：mm

时　间	微　变　化		弱　变　化		强　变　化	
	−10%	10%	−20%	20%	−30%	30%
6 月中旬	0.00	87.66	0.00	143.94	0.00	200.22
6 月下旬	0.00	80.66	0.00	136.31	0.00	191.95
7 月上旬	0.00	90.09	0.00	146.59	0.00	203.10
7 月中旬	0.00	104.20	0.00	161.99	0.00	219.77
7 月下旬	0.00	110.68	0.00	169.06	0.00	227.43
8 月上旬	0.00	99.99	0.00	157.39	0.00	214.79
8 月中旬	0.00	108.61	0.00	166.79	0.00	224.98
8 月下旬	0.00	97.32	0.00	154.47	0.00	211.63
9 月上旬	0.00	92.73	0.00	149.48	0.00	206.22
9 月中旬	0.00	81.98	0.00	137.75	0.00	193.51
合计	0.00	953.93	0.00	1523.77	0.00	2093.61

表 6.33 义寨引黄灌区棉花全生育期不同变化幅度作物需水量阈值 单位：mm

时间	微变化		弱变化		强变化	
	−10%	10%	−20%	20%	−30%	30%
4月上旬	0.00	17.42	0.00	30.95	0.00	44.47
4月中旬	0.00	22.77	0.00	36.78	0.00	50.80
4月下旬	0.00	28.52	0.00	43.06	0.00	57.59
5月上旬	0.00	27.70	0.00	42.16	0.00	56.62
5月中旬	3.85	33.90	0.00	48.92	0.00	63.95
5月下旬	7.50	38.35	0.00	53.78	0.00	69.21
6月上旬	12.19	44.09	0.00	60.04	0.00	75.99
6月中旬	18.95	52.35	2.25	69.06	0.00	85.76
6月下旬	16.92	49.88	0.45	66.36	0.00	82.83
7月上旬	21.75	55.77	4.73	72.78	0.00	89.80
7月中旬	23.31	57.69	6.13	74.87	0.00	92.06
7月下旬	30.39	66.34	12.42	84.32	0.00	102.29
8月上旬	18.64	51.97	1.97	68.64	0.00	85.31
8月中旬	26.74	61.88	9.17	79.44	0.00	97.01
8月下旬	22.51	56.70	5.41	73.80	0.00	90.89
9月上旬	0.00	0.00	0.00	0.00	0.00	0.00
9月中旬	0.00	0.00	0.00	0.00	0.00	0.00
9月下旬	0.00	0.00	0.00	0.00	0.00	0.00
10月上旬	0.00	0.00	0.00	0.00	0.00	0.00
10月中旬	0.00	0.00	0.00	0.00	0.00	0.00
10月下旬	0.00	0.00	0.00	0.00	0.00	0.00
合计	217.75	665.33	42.53	904.96	0.00	1159.58

6.2.3 灌溉降水量动态阈值预测

对降水量，筛选出1999—2019年21年756组逐旬气象数据中的最大值、最小值，并计算最大值与平均值的变化倍数，见表6.34和图6.23。

表 6.34 三义寨引黄灌区旬平均旬降水量极值及变化倍数

时间	最小值/mm	最大值/mm	平均值/mm	最大值与平均值变化倍数
1月上旬	0.00	22.00	1.91	11.49
1月中旬	0.00	21.80	2.77	7.87

续表

时　间	最小值 /mm	最大值 /mm	平均值 /mm	最大值与平均值变化倍数
1 月下旬	0.00	10.00	1.81	5.51
2 月上旬	0.00	13.00	3.08	4.22
2 月中旬	0.00	19.00	3.52	5.39
2 月下旬	0.00	15.00	3.81	3.93
3 月上旬	0.00	61.40	5.68	10.82
3 月中旬	0.00	25.20	5.80	4.34
3 月下旬	0.00	11.00	2.56	4.30
4 月上旬	0.00	43.00	7.13	6.03
4 月中旬	0.00	53.80	15.36	3.50
4 月下旬	0.00	48.00	11.45	4.19
5 月上旬	0.00	49.00	12.57	3.90
5 月中旬	0.00	54.00	13.10	4.12
5 月下旬	0.00	111.00	17.15	6.47
6 月上旬	0.00	220.90	25.20	8.77
6 月中旬	0.00	47.40	10.17	4.66
6 月下旬	0.00	114.60	32.00	3.58
7 月上旬	0.00	128.00	35.40	3.62
7 月中旬	0.00	125.90	36.88	3.41
7 月下旬	2.00	213.60	57.44	3.72
8 月上旬	0.00	167.00	43.78	3.81
8 月中旬	0.00	161.00	34.28	4.70
8 月下旬	0.00	235.30	37.57	6.26
9 月上旬	0.00	164.00	23.29	7.04
9 月中旬	0.00	166.00	37.13	4.47
9 月下旬	0.00	86.00	20.00	4.30
10 月上旬	0.00	84.60	16.16	5.23
10 月中旬	0.00	17.00	6.15	2.76
10 月下旬	0.00	50.00	11.79	4.24
11 月上旬	0.00	31.20	7.43	4.20
11 月中旬	0.00	51.00	6.60	7.72
11 月下旬	0.00	29.00	7.00	4.15

续表

时间	最小值 /mm	最大值 /mm	平均值 /mm	最大值与平均值变化倍数
12月上旬	0.00	32.00	4.10	7.80
12月中旬	0.00	15.00	2.50	6.01
12月下旬	0.00	17.00	2.59	6.57
变化倍数平均值				5.36

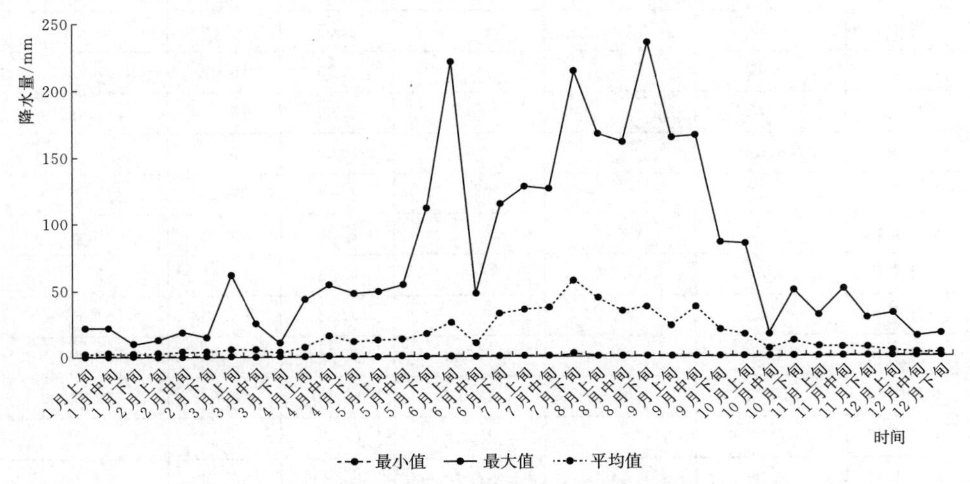

图 6.23 三义寨引黄灌区旬平均降水量极值变化图

6.2.4 三义寨灌区灌溉需水量动态阈值预测

6.2.4.1 正向微变化（+10%）灌溉需水量阈值

对三义寨引黄灌区中的冬小麦、夏玉米、棉花等作物，按气象因子正向微变化（+10%）的作物需水量与降水量正向微变化（+10%），并结合灌区的种植结构，计算出灌溉需水量，见表 6.35。根据灌区的各分区面积，计算出全年逐旬不同区域的灌溉需水量，如图 6.24 所示。对于冬小麦气象因子正向微变化（+10%），表明气温升高、日照时数增长、风速变大，天气向晴热干燥方向发展。对于夏玉米和棉花的气象因子正向微变化（+10%），表明蒸发量、相对湿度增大，日照时数增长，天气向湿热方向发展。对三义寨引黄灌区中冬小麦、夏玉米、棉花等作物，按气象因子正向微变化（+10%）的作物需水量与降水量正向微变化（+10%），并结合灌区的种植结构，根据灌区的各分区面积，计算出全年逐旬不同区域的灌溉需水量，如图 6.24 所示。在一年

36 旬当中 6 月中旬灌溉需水量最大，主要原因是夏玉米和棉花两种作物在夏季的需水量均较大；11 月下旬灌溉需水量最小，主要是由于只有冬小麦一种作物处于耗水量较小的出苗期和主叶生长期。

表 6.35　三义寨引黄灌区正向微变化（+10%）灌溉需水量计算表

时　间	正向微变化（+10%）的作物需水量/mm			降水量（+10%）/mm	灌溉需水量/mm	结合种植结构灌溉需水量/mm
	冬小麦	夏玉米	棉花			
1 月上旬	8.27			2.10	6.17	4.63
1 月中旬	6.79			3.05	3.74	2.81
1 月下旬	20.17			1.99	18.18	13.63
2 月上旬	19.42			3.39	16.03	12.02
2 月中旬	26.09			3.87	22.22	16.66
2 月下旬	33.19			4.19	29.00	21.75
3 月上旬	49.78			6.25	43.53	32.65
3 月中旬	50.57			6.38	44.19	33.14
3 月下旬	71.63			2.82	68.81	51.61
4 月上旬	58.48		17.42	7.84	60.21	39.89
4 月中旬	55.23		22.77	16.90	44.21	29.93
4 月下旬	61.79		28.52	12.60	65.12	40.08
5 月上旬	60.06		27.70	13.83	60.11	37.45
5 月中旬	63.69		33.90	14.41	68.77	40.86
5 月下旬	62.58		38.35	18.87	63.20	36.68
6 月上旬			44.09	27.72	16.37	3.27
6 月中旬		87.66	52.35	11.19	117.64	61.76
6 月下旬		80.66	49.88	35.20	60.14	34.76
7 月上旬		90.09	55.77	38.94	67.98	39.17
7 月中旬		104.20	57.69	40.57	80.75	47.97
7 月下旬		110.68	66.34	63.18	50.65	33.88
8 月上旬		99.99	51.97	48.16	55.64	37.04
8 月中旬		108.61	61.88	37.71	95.07	54.47
8 月下旬		97.32	56.70	41.33	71.37	42.27
9 月上旬		92.73	0.00	25.62	67.11	46.98
9 月中旬		81.98	0.00	40.84	41.14	28.80
9 月下旬			0.00	22.00	0.00	0.00

续表

时间	正向微变化（+10%）的作物需水量/mm			降水量（+10%）/mm	灌溉需水量/mm	结合种植结构灌溉需水量/mm
	冬小麦	夏玉米	棉花			
10月上旬			0.00	17.78	0.00	0.00
10月中旬	21.90		0.00	6.77	15.14	11.35
10月下旬	27.53		0.00	12.97	14.56	10.92
11月上旬	31.81			8.17	23.64	17.73
11月中旬	24.80			7.26	17.54	13.16
11月下旬	7.94			7.70	0.24	0.18
12月上旬	17.90			4.51	13.39	10.04
12月中旬	9.13			2.75	6.38	4.79
12月下旬	19.65			2.85	16.80	12.60
合计	808.39	953.93	665.33	621.68	1445.04	924.93

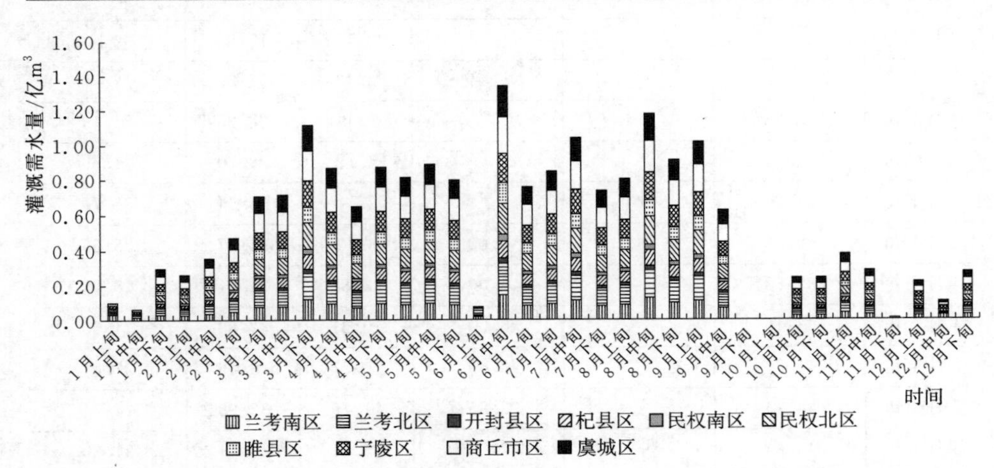

图 6.24 三义寨引黄灌区气象因子正向微变化（+10%）的分区逐旬灌溉需水量

6.2.4.2 负向微变化（−10%）灌溉需水量阈值

对三义寨引黄灌区中的冬小麦、夏玉米、棉花等作物，按气象因子负向微变化（−10%）的作物需水量与降水量负向微变化（−10%），并考虑灌区的种植结构，计算出灌溉需水量见表 6.36。根据灌区的各分区面积，计算出不同区域全年逐旬的灌溉需水量，如图 6.35 所示。对于冬小麦的气象因子负向微变化（−10%），表明气温下降，日照时数变短，风速变小，天气向阴冷方向发展。对于夏玉米和棉花的气象因子负向微变化（−10%），表明蒸发量减小，相对湿度减小，日照时数变短，天气向阴冷干燥方向发展。由图 6.25 可知，3 月下旬灌溉需水量最大，主要原因是冬小麦进入需水关键期的拔节期，需水量会增加得比较明显；从 3 月上旬至 5 月下旬，灌溉需水量一直均处于较高的水平，也是由于冬小麦进入了需水关键期；从 6 月下旬至 10 月上旬，基本上不需要灌溉，主要原因是由于夏玉米和棉花的生长周期叠加并处于一年当中降雨量最大的夏季，气象因子负向微变化后灌溉需水量减少，降雨量已经大于作物需水量。

表 6.36　三义寨引黄灌区负向微变化（－10%）灌溉需水量计算表

时　间	负向微变化（－10%）的作物需水量/mm			降水量（－10%）/mm	灌溉需水量/mm	结合种植结构灌溉需水量/mm
	冬小麦	夏玉米	棉花			
1 月上旬	0.00			1.72	0.00	0.00
1 月中旬	0.00			2.49	0.00	0.00
1 月下旬	9.14			1.63	7.51	5.63
2 月上旬	8.52			2.77	5.75	4.31
2 月中旬	13.98			3.17	10.81	8.11
2 月下旬	19.79			3.43	16.36	12.27
3 月上旬	33.36			5.11	28.25	21.19
3 月中旬	34.01			5.22	28.79	21.59
3 月下旬	51.24			2.30	48.94	36.70
4 月上旬	40.49		0.00	6.42	34.07	25.55
4 月中旬	37.83		0.00	13.82	24.01	18.00
4 月下旬	43.19		0.00	10.31	32.89	24.66
5 月上旬	41.77		0.00	11.31	30.46	22.84
5 月中旬	44.74		3.85	11.79	32.95	24.71
5 月下旬	43.84		7.50	15.44	28.41	21.30
6 月上旬			12.19	22.68	0.00	0.00
6 月中旬		0.00	18.95	9.15	9.80	1.96
6 月下旬		0.00	16.92	28.80	0.00	0.00
7 月上旬		0.00	21.75	31.86	0.00	0.00
7 月中旬		0.00	23.31	33.19	0.00	0.00
7 月下旬		0.00	30.39	51.70	0.00	0.00
8 月上旬		0.00	18.64	39.40	0.00	0.00
8 月中旬		0.00	26.74	30.85	0.00	0.00
8 月下旬		0.00	22.51	33.81	0.00	0.00

续表

时　间	负向微变化（−10%）的作物需水量/mm			降水量（−10%）/mm	灌溉需水量/mm	结合种植结构灌溉需水量/mm
	冬小麦	夏玉米	棉花			
9月上旬		0.00	0.00	20.96	0.00	0.00
9月中旬		0.00	0.00	33.42	0.00	0.00
9月下旬			0.00	18.00	0.00	0.00
10月上旬			0.00	14.54	0.00	0.00
10月中旬	10.55		0.00	5.54	5.02	3.76
10月下旬	15.16		0.00	10.61	4.55	3.41
11月上旬	18.66			6.69	11.97	8.98
11月中旬	12.93			5.94	6.99	5.24
11月下旬	0.00			6.30	0.00	0.00
12月上旬	7.28			3.69	3.59	2.69
12月中旬	0.10			2.25	0.00	0.00
12月下旬	8.71			2.33	6.38	4.78
合计	495.30	0.00	202.75	508.64	377.48	277.72

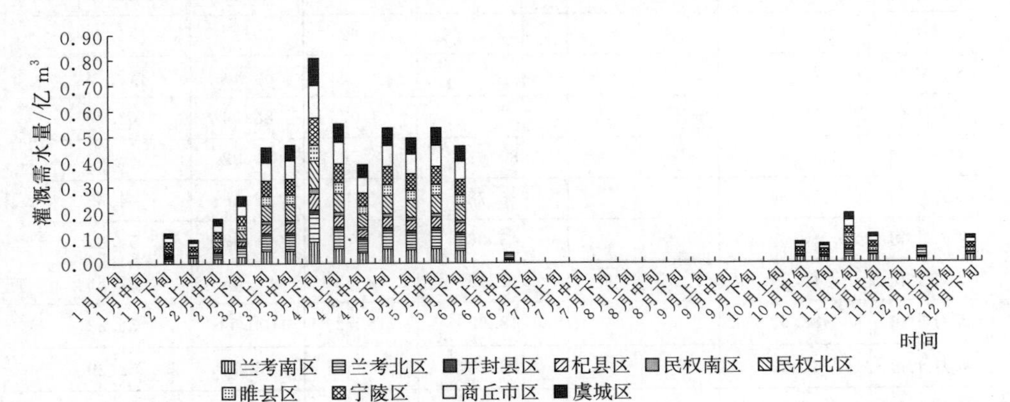

图 6.25　三义寨引黄灌区气象因子负向微变化（−10%）的分区逐旬灌溉需水量

6.2.4.3　正向弱变化（+20%～+30%）灌溉需水量阈值

对三义寨引黄灌区中的冬小麦、夏玉米、棉花等作物，按气象因子正向弱变化（+20%～+30%）的作物需水量，与降水量正向微变化（+20%）结合，并考虑灌区的种植结构，计算出灌溉需水量见表 6.37。根据灌区的各分区面积，计算出不同区域全年逐旬的灌溉需水量，如图 6.26 所示。对于冬小麦的气象因子正向弱变化（+30%），表明天气进一步向晴热干燥方向发展。

对于夏玉米和棉花的气象因子正向弱变化（+20%），表明天气进一步向湿热方向发展。如图 6.26 可知，6 月中旬灌溉需水量最大，主要原因是夏玉米和棉花两种作物生育期叠加后，由于天气变化在夏季需水量均较大；6 月下旬至 9 月中旬，是灌溉需水量较大的阶段，主要原因是夏玉米和棉花生育期重叠后，天气向湿热方向的发展导致灌溉需水量一直处于高水平；10 月下旬至 12 月下旬灌溉需水量处于低水平，这个阶段只有冬小麦处于生育期的非关键期，因此需水量较低。

表 6.37　三义寨引黄灌区正向弱变化（+20%～+30%）灌溉需水量计算表

时　间	正向弱变化（+20%）的作物需水量/mm			降水量（+20%）/mm	灌溉需水量/mm	结合种植结构灌溉需水量/mm
	冬小麦(+30%)	夏玉米	棉花			
1 月上旬	17.87			2.29	0.00	0.00
1 月中旬	16.12			3.32	0.00	0.00
1 月下旬	31.21			2.17	29.04	21.78
2 月上旬	30.31			3.70	26.61	19.96
2 月中旬	38.20			4.22	33.98	25.48
2 月下旬	46.59			4.57	42.02	31.51
3 月上旬	66.19			6.82	59.37	44.53
3 月中旬	67.13			6.96	60.17	45.13
3 月下旬	92.01			3.07	88.94	66.70
4 月上旬	76.48		30.95	8.56	90.32	55.42
4 月中旬	72.64		36.78	18.43	72.56	44.33
4 月下旬	80.39		43.06	13.74	95.97	55.85
5 月上旬	78.34		42.16	15.08	90.33	52.86
5 月中旬	82.63		48.92	15.72	100.11	56.82
5 月下旬	81.32		53.78	20.58	93.94	52.20
6 月上旬			60.04	30.24	29.80	5.96
6 月中旬		143.94	69.06	12.20	188.59	103.59
6 月下旬		136.31	66.36	38.40	125.87	74.13
7 月上旬		146.59	72.78	42.48	134.41	78.94
7 月中旬		161.99	74.87	44.26	148.35	88.54
7 月下旬		169.06	84.32	68.93	115.52	73.17
8 月上旬		157.39	68.64	52.54	120.96	76.62
8 月中旬		166.79	79.44	41.14	163.96	95.62

续表

时 间	正向弱变化（+20%）的作物需水量/mm			降水量（+20%）/mm	灌溉需水量/mm	结合种植结构灌溉需水量/mm
	冬小麦(+30%)	夏玉米	棉花			
8月下旬		154.47	73.80	45.08	138.10	82.31
9月上旬		149.48	0.00	27.95	121.53	85.07
9月中旬		137.75	0.00	44.56	93.19	65.24
9月下旬			0.00	24.00	0.00	0.00
10月上旬			0.00	19.39	0.00	0.00
10月中旬	33.24		0.00	7.38	25.86	19.40
10月下旬	39.90		0.00	14.15	25.75	19.31
11月上旬	44.95			8.92	36.03	27.03
11月中旬	36.68			7.92	28.76	21.57
11月下旬	16.74			8.40	8.34	6.26
12月上旬	28.52			4.92	23.60	17.70
12月中旬	18.15			3.00	15.15	11.36
12月下旬	30.59			3.11	27.48	20.61
合计	1126.22	1523.77	904.96	678.19	2454.62	1544.98

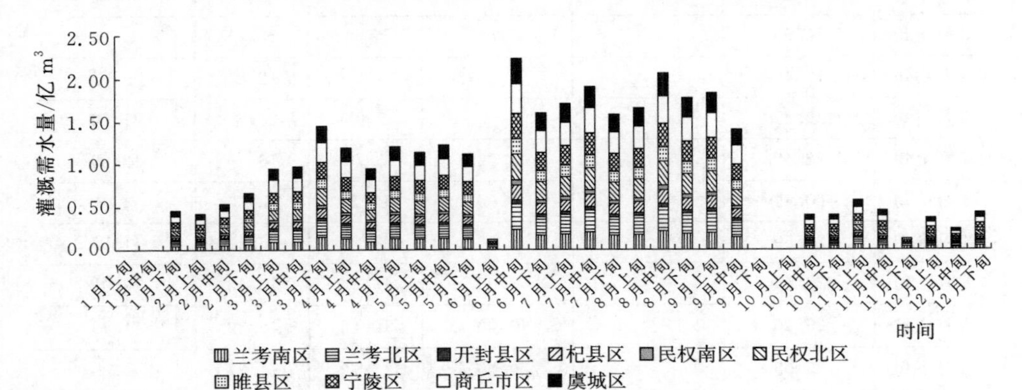

图 6.26 三义寨引黄灌区气象因子正向弱变化（+20%～30%）的分区逐旬灌溉需水量

6.2.4.4 负向弱变化（-20%～-30%）灌溉需水量阈值

对三义寨引黄灌区中的冬小麦、夏玉米、棉花等作物，按气象因子负向弱变化（-20%～-30%）的作物需水量，与降水量负向弱变化（-20%）结合，并考虑灌区的种植结构，计算出灌溉需水量见表 6.38。根据灌区的各分区面积，计算出不同区域全年逐旬的灌溉需水量，如图 6.27 所示。对于冬小麦的气象因子负向弱变化（−30%），表明天气进一步向阴冷方向发展。对于夏玉米和棉花的气象因子负向微变化（−20%），表明天气进一步向阴冷干燥方向发展。由图 6.27 可知，3 月下旬灌溉需水量最大，主要原因是冬小麦进入需水关键期的拔节期，需水量增加得比较明显；2 月下旬至 5 月下旬，灌溉需水量一直均处于较高的水平，也是由于冬小麦进入了需水关键期；除了 2 月下旬至 5 月下旬，其他时间灌溉需水量为 0，主要原因是气象因子负向弱变化后灌溉需水量减少，降雨量已经大于作物需水量。

表 6.38　　三义寨引黄灌区负向弱变化（−20%～−30%）灌溉需水量计算表

时间	负向弱变化（−20%）的作物需水量/mm			降水量（−20%）/mm	灌溉需水量/mm	结合种植结构灌溉需水量/mm
	冬小麦（−30%）	夏玉米	棉花			
1 月上旬	0.00			1.53	0.00	0.00
1 月中旬	0.00			2.22	0.00	0.00
1 月下旬	0.00			1.45	0.00	0.00
2 月上旬	0.00			2.46	0.00	0.00
2 月中旬	1.87			2.82	0.00	0.00
2 月下旬	6.39			3.05	3.34	2.51
3 月上旬	16.95			4.54	12.41	9.30
3 月中旬	17.45			4.64	12.81	9.61
3 月下旬	30.85			2.05	28.80	21.60
4 月上旬	22.49		0.00	5.70	16.79	12.59
4 月中旬	20.42		0.00	12.29	8.13	6.10
4 月下旬	24.59		0.00	9.16	15.43	11.57
5 月上旬	23.49		0.00	10.06	13.43	10.08
5 月中旬	25.80		0.00	10.48	15.32	11.49
5 月下旬	25.09		0.00	13.72	11.37	8.53
6 月上旬			0.00	20.16	0.00	0.00
6 月中旬		0.00	2.25	8.14	0.00	0.00
6 月下旬		0.00	0.45	25.60	0.00	0.00
7 月上旬		0.00	4.73	28.32	0.00	0.00
7 月中旬		0.00	6.13	29.50	0.00	0.00
7 月下旬		0.00	12.42	45.95	0.00	0.00
8 月上旬		0.00	1.97	35.02	0.00	0.00

续表

时　间	负向弱变化（－20%）的作物需水量/mm			降水量（－20%）/mm	灌溉需水量/mm	结合种植结构灌溉需水量/mm
	冬小麦（－30%）	夏玉米	棉花			
8月中旬		0.00	9.17	27.42	0.00	0.00
8月下旬		0.00	5.41	30.06	0.00	0.00
9月上旬		0.00	0.00	18.63	0.00	0.00
9月中旬		0.00	0.00	29.70	0.00	0.00
9月下旬		0.00	0.00	16.00	0.00	0.00
10月上旬			0.00	12.93	0.00	0.00
10月中旬	0.00		0.00	4.92	0.00	0.00
10月下旬	2.79		0.00	9.43	0.00	0.00
11月上旬	5.51			5.94	0.00	0.00
11月中旬	1.05			5.28	0.00	0.00
11月下旬	0.00			5.60	0.00	0.00
12月上旬	0.00			3.28	0.00	0.00
12月中旬	0.00			2.00	0.00	0.00
12月下旬	0.00			2.07	0.00	0.00
合计	224.74	0.00	42.53	452.13	137.83	103.37

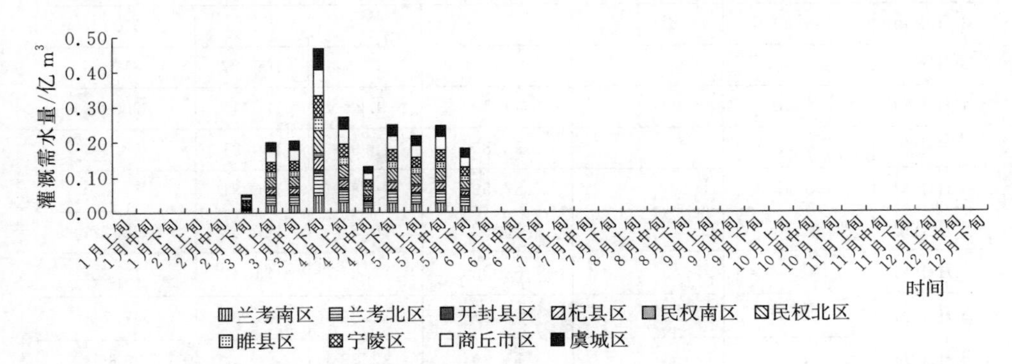

图 6.27　三义寨引黄灌区气象因子负向弱变化（－20%～－30%）的分区逐旬灌溉需水量

6.2.4.5　正向强变化（＋30%～＋50%）灌溉需水量阈值

对三义寨引黄灌区中的冬小麦、夏玉米、棉花等作物，按气象因子正向强变化（＋30%～＋50%）的作物需水量，与降水量正向强变化（＋30%）结合，并考虑灌区的种植结构，计算出灌溉需水量见表 6.39。根据灌区的各分区面积，计算出不同区域全年逐旬的灌溉需水量，如图 6.28 所示。对于冬小麦的气象因子正向强变化（＋50%），表明天气向晴热干燥方向显著发展。对于夏玉米和棉花的气象因子正向强变化（＋30%），表明天气向湿热方向显著发展。由图 6.28 可知，一年中 6 月中旬灌溉需水量最大，主要原因是夏玉米和棉花两种作物生育期叠加后，由于天气的原因在夏季需水量均较大；6 月下旬至 9 月中旬属于灌溉需水量较大的阶段，夏玉米和棉花生育期重叠，加之天气向湿热方向显著发展导致灌溉需水量一直处于高水平；10 月下旬至 12 月下旬灌溉需水量处于低水平，这个阶段只有冬小麦处于生育期的非关键期，因此需水量较低。

表 6.39　三义寨引黄灌区正向强变化（＋30%～＋50%）灌溉需水量计算表

时间	正向强变化（＋30%）的作物需水量/mm			降水量（＋30%）/mm	灌溉需水量/mm	结合种植结构灌溉需水量/mm
	冬小麦（＋50%）	夏玉米	棉花			
1 月上旬	27.47			2.48	0.00	0.00
1 月中旬	25.45			3.60	0.00	0.00
1 月下旬	42.24			2.35	39.89	29.92
2 月上旬	41.21			4.00	37.21	27.90
2 月中旬	50.31			4.58	45.73	34.30
2 月下旬	59.99			4.95	55.04	41.28
3 月上旬	82.61			7.38	75.23	56.42
3 月中旬	83.69			7.54	76.15	57.11
3 月下旬	112.40			3.33	109.07	81.80
4 月上旬	94.48		44.47	9.27	120.41	70.95
4 月中旬	90.05		50.80	19.97	100.91	58.73
4 月下旬	98.99		57.59	14.89	126.81	71.62
5 月上旬	96.63		56.62	16.34	120.57	68.27
5 月中旬	101.58		63.95	17.03	131.47	72.80
5 月下旬	100.07		69.21	22.30	124.69	67.71
6 月上旬			75.99	32.76	43.23	8.65
6 月中旬		200.22	85.76	13.22	259.54	145.41
6 月下旬		191.95	82.83	41.60	191.58	113.49
7 月上旬		203.10	89.80	46.02	200.86	118.71
7 月中旬		219.77	92.06	47.94	215.94	129.10
7 月下旬		227.43	102.29	74.67	180.38	112.45
8 月上旬		214.79	85.31	56.91	186.27	116.19

续表

时间	正向强变化（+30%）的作物需水量/mm			降水量（+30%）/mm	灌溉需水量/mm	结合种植结构灌溉需水量/mm
	冬小麦（+50%）	夏玉米	棉花			
8月中旬		224.98	97.01	44.56	232.86	136.78
8月下旬		211.63	90.89	48.84	204.84	122.36
9月上旬		206.22	0.00	30.28	175.94	123.16
9月中旬		193.51	0.00	48.27	145.24	101.67
9月下旬			0.00	26.00	0.00	0.00
10月上旬			0.00	21.01	0.00	0.00
10月中旬	44.59		0.00	8.00	36.60	27.45
10月下旬	52.27		0.00	15.33	36.94	27.71
11月上旬	58.10			9.66	48.44	36.33
11月中旬	48.55			8.58	39.97	29.98
11月下旬	25.55			9.10	16.45	12.34
12月上旬	39.14			5.33	33.81	25.36
12月中旬	27.18			3.25	23.93	17.95
12月下旬	41.53			3.37	38.16	28.62
合计	1444.08	2093.60	1144.58	678.19	3474.16	2172.52

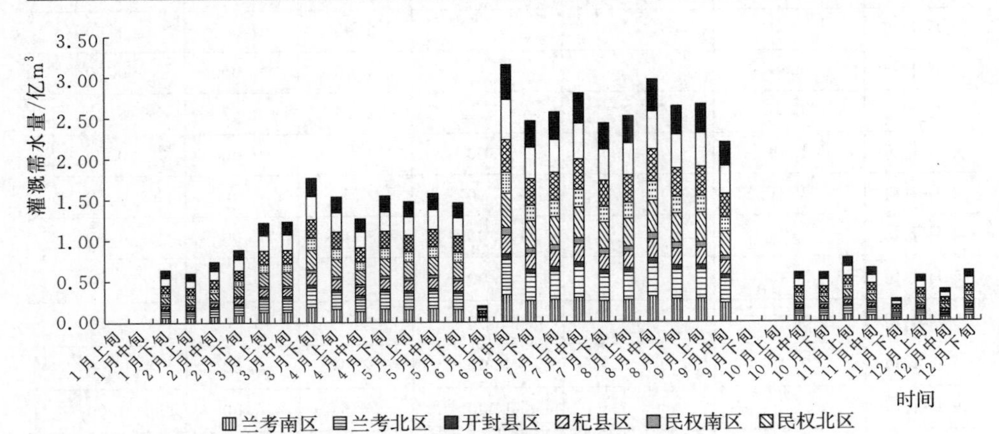

图 6.28 三义寨引黄灌区气象因子正向强变化（+30%～+50%）的分区逐旬灌溉需水量

6.2.4.6 负向强变化（−30%～−50%）灌溉需水量阈值

对三义寨引黄灌区中的冬小麦、夏玉米、棉花等作物，按气象因子负向强变化（−30%～−50%）的作物需水量，与降水量负向强变化（−30%）结合，并考虑灌区的种植结构，计算出灌溉需水量见表 6.40。根据灌区的各分区面积，计算出不同区域全年逐旬的灌溉需水量，如图 6.29 所示。对于冬小麦的气象因子负向强变化（－50%），天气向阴冷方向显著发展。对于夏玉米和棉花的气旬因子负向强变化（－30%），天气向阴冷干燥方向显著发展。由图 6.29 可知，在一年中只有 3 月下旬有灌溉需水量，主要原因是冬小麦进入需水关键期的拔节期，需水量会增加的比较明显；其他时间灌溉需水量为 0，主要原因是气象因子负向强变化后灌溉需水量显著减少，降雨量已经大于作物需水量。

表 6.40　　三义寨引黄灌区负向强变化（－30%～－50%）灌溉需水量计算表

时间	负向强变化（－30%）的作物需水量/mm			降水量（－30%）/mm	灌溉需水量/mm	结合种植结构灌溉需水量/mm
	冬小麦（－50%）	夏玉米	棉花			
1 月上旬	0.00			1.34	0.00	0.00
1 月中旬	0.00			1.94	0.00	0.00
1 月下旬	0.00			1.27	0.00	0.00
2 月上旬	0.00			2.16	0.00	0.00
2 月中旬	0.00			2.46	0.00	0.00
2 月下旬	0.00			2.67	0.00	0.00
3 月上旬	0.53			3.98	0.00	0.00
3 月中旬	0.89			4.06	0.00	0.00
3 月下旬	10.46			1.79	8.67	6.50
4 月上旬	4.49		0.00	4.99	0.00	0.00
4 月中旬	3.01		0.00	10.75	0.00	0.00
4 月下旬	5.99		0.00	8.02	0.00	0.00
5 月上旬	5.20		0.00	8.80	0.00	0.00
5 月中旬	6.85		0.00	9.17	0.00	0.00
5 月下旬	6.35		0.00	12.01	0.00	0.00
6 月上旬			0.00	17.64	0.00	0.00
6 月中旬		0.00	2.25	7.12	0.00	0.00
6 月下旬		0.00	0.45	22.40	0.00	0.00
7 月上旬		0.00	4.73	24.78	0.00	0.00
7 月中旬		0.00	6.13	25.82	0.00	0.00
7 月下旬		0.00	12.42	40.21	0.00	0.00

续表

时间	负向强变化（－30%）的作物需水量/mm			降水量（－30%）/mm	灌溉需水量/mm	结合种植结构灌溉需水量/mm
	冬小麦（－50%）	夏玉米	棉花			
8月上旬		0.00	1.97	30.65	0.00	0.00
8月中旬		0.00	9.17	24.00	0.00	0.00
8月下旬		0.00	5.41	26.30	0.00	0.00
9月上旬		0.00	0.00	16.30	0.00	0.00
9月中旬		0.00	0.00	25.99	0.00	0.00
9月下旬		0.00	0.00	14.00	0.00	0.00
10月上旬			0.00	11.31	0.00	0.00
10月中旬	0.00		0.00	4.31	0.00	0.00
10月下旬	0.00		0.00	8.25	0.00	0.00
11月上旬	0.00			5.20	0.00	0.00
11月中旬	0.00			4.62	0.00	0.00
11月下旬	0.00			4.90	0.00	0.00
12月上旬	0.00			2.87	0.00	0.00
12月中旬	0.00			1.75	0.00	0.00
12月下旬	0.00			1.81	0.00	0.00
合计	43.77	0.00	42.53	395.61	8.67	6.50

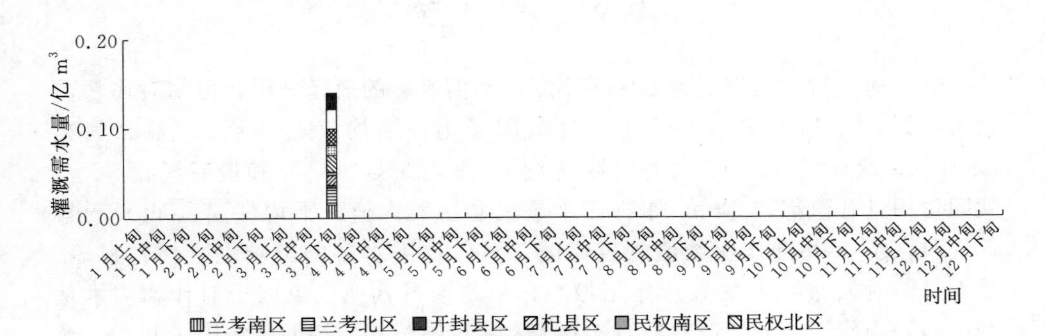

图 6.29　三义寨引黄灌区气象因子负向强变化（－30%～－50%）的分区逐旬灌溉需水量

6.2.5　三义寨灌区灌溉需水量分区动态阈值预测

对三义寨引黄灌区，按气象因子正、负向微、弱、强变化的6种模式，并结合灌区的种植结构和分区面积，计算出各区域灌溉需水量阈值见表6.41。当气象指数在微变化幅度时，三义寨引黄灌区动态灌溉需水量阈值为 6.02 亿～20.06 亿 m^3；当气象指数在弱变化幅度时，三义寨引黄灌区动态灌溉需水量阈值为 2.24 亿～33.52 亿 m^3；当气象指数在强变化幅度时，三义寨引黄灌区动态灌溉需水量阈值为 0.14 亿～47.13 亿 m^3。

表 6.41　　三义寨引黄灌区分区动态灌溉需水量阈值/亿 m^3

分区名称	微变化		弱变化		强变化	
	−10%	10%	−20%	30%	−30%	50%
兰考南区	0.65	2.17	0.24	3.63	0.02	5.11
兰考北区	0.81	2.69	0.30	4.50	0.02	6.33
开封县区	0.13	0.43	0.05	0.71	0.00	1.00
杞县区	0.47	1.58	0.18	2.64	0.01	3.71
民权南区	0.15	0.49	0.06	0.82	0.00	1.16
民权北区	0.79	2.62	0.29	4.38	0.02	6.16
睢县区	0.50	1.67	0.19	2.78	0.01	3.91
宁陵区	0.79	2.63	0.29	4.40	0.02	6.18
商丘市区	0.93	3.08	0.34	5.15	0.02	7.24
虞城区	0.81	2.69	0.30	4.50	0.02	6.33
合计	6.02	20.06	2.24	33.52	0.14	47.13

6.3 小　　结

（1）通过对三义寨引黄灌区冬小麦作物需水量的通径分析，可知对作物需水量结果产生的影响最大的 4 个气象因子为：平均气温（X_3）、最高气温（X_4）、最低气温（X_5）、日照时数（X_7）。平均气温（X_3）和最高气温（X_4）共同作用且数值都较高时，作物需水量也会达较大值，平均气温（X_3）与最低气温（X_5）共同作用数值都较高时，对作物需水量的影响也会比较显著。最大日照时数（X_8）的直接作用最小，但是通过其他气象因子对作物需水量产生的间接作用最大。误差项对作物需水量影响最小，说明气象因子基本上全部考虑到了，计算结果较准确。

（2）通过敏感性分析可知，平均气温（X_3）、最高气温（X_4）、最低气温（X_5）和日照时数（X_7）互相影响密切，比较敏感。9 个气象因子对作物需水量产生影响的敏感程度排序为：平均气温（X_3）＞日照时数（X_7）＞最高气温（X_4）＞平均风速（X_9）＞最低气温（X_5）＞水面蒸发量（X_2）＞最大日照时数（X_8）＞降水量（X_1）＞空气相对湿度（X_6）。

(3) 通过对比分析认为，对比简单的相关系数和回归分析方法，通径分析方法可以准确计算出自变量对因变量影响的直接作用和间接作用，可确定各因子的敏感程度，具有直观、科学、合理的优势，根据分析结果可以建立起因素考虑全面、准确度高的作物需水量计算方程。但为了更适用于引黄灌区引水量、耗水量的精准分析和预测，应该进行更深入的分析研究，为建立更有效的回归方程奠定基础。

(4) 以1999—2019年21年756组逐旬气象数据为基础，根据三义寨引黄灌区冬小麦作物需水量的通径分析，选择最显著的4个气象因子构建冬小麦气象指数，确定微、弱、强和极强4个变化幅度，微变化是指气象指数为－10%～10%，弱变化为－30%～30%，强变化为－50%～50%。根据棉花及夏玉米作物需水量的通径分析，选择最显著的3个气象因子构建气象指数，确定4个幅度，微变化是指气象指数为－10%～10%，弱变化为－20%～20%，强变化为－30%～30%。

(5) 根据冬小麦不同变化幅度气象指数出现的频率和时间，可知极强变化出现次数最多的时间是1月上、中、下旬，强变化出现次数最多的时间是2月上旬及12月下旬。在冬小麦全生育期中弱变化出现的频率最高，占40.79%；极强变化出现的频率最低，占13.87%。极强变化出现的时间段是冬小麦非关键需水量，因此冬小麦在整个生育期的灌溉需水量变化幅度不大。夏玉米极强变化出现次数最多是7月中、下旬和8月上旬，强变化出现次数最多是7月上旬及8月下旬。极强变化出现的频率最高，占28.57%；强变化出现的频率最低，占14.70%。夏玉米全生育期的10旬均属于夏季天气易发生极强或强变化期间，对这些时间段需要格外关注由于气象变化引起的灌溉需水量变化，提前根据气象预测动态调整灌区引水量及分配预案。棉花气象指数极强变化出现次数最多的时间是7月中下旬、8月上旬和9月上旬，强变化出现次数最多的时间是7月上旬、8月下旬及10月下旬，其他时段气象指数变化幅度是微变化和弱变化占主导地位。微变化出现的频率最高，占34.01%；强变化频率最低，占15.65%。棉花在整个生育期微变化和弱变化出现的概率较高，但也要关注位于夏季气象易发生极强变化时段的灌溉需水量发生的波动。

(6) 对三义寨引黄灌区，按气象指数正、负向微、弱、强变化的6种模式，并结合灌区的种植结构和分区面积，计算出各区域灌溉需水量阈值。当气象指数在微变化幅度时，三义寨引黄灌区动态灌溉需水量阈值为6.02亿～20.06亿m^3，在弱变化幅度时灌溉需水量阈值为2.24亿～33.52亿m^3，在强变化幅度时灌溉需水量阈值为0.14亿～47.13亿m^3。

(7) 通过构建引黄灌区气象变化指数，确定了变化幅度和对应的分区分旬灌溉需水量的阈值范围，可根据气象预测来动态调整和灵活组合获得更精准的灌区需水量，为做好引黄灌区的水量调度、防灾减灾工作奠定良好的基础，并对提前预测分旬、月、年的灌溉用水计划有着良好的辅助作用，为灌区的高质量发展和智慧规划作好了技术支撑。但气象条件变化是个很复杂的问题，需要更长序列的气象资料不断积累调整和进一步研究，以达到精准预测的目的。

第7章

三义寨引黄灌区灌溉用水真实耗水量影响因素分析

7.1 引黄灌区影响因素通径分析

黄河流域生态保护和高质量发展重大国家战略中明确指出：以水而定、量水而行，推进水资源节约集约利用。引黄灌区的用水效率决定着水资源的利用效果，引黄灌区的综合完备度决定着灌区完善和发展的方向，因此确定哪些因素对引黄灌区的用水效率和完备度起决定作用，在此基础上才能实现引黄灌区真正的高质量发展，从而实现节约黄河水资源、提高引黄水量用水效率的目标[73]。目前针对通径分析的应用，从不同的案例和角度出发的研究成果较多，但涉及引黄灌区的用水效率和综合完备度的成果较少。本章根据前期已获得的引黄灌区三义寨灌区的用水效率、综合完备度评价的研究成果，通过通径分析确定对用水效率和综合完备度直接效用、间接效用最大的影响因子，确定这些因子之间的相互关系，从而为引黄灌区的水资源节约集约利用和高质量发展提供坚实的数据基础和支撑依据[74]。

7.1.1 引黄灌区用水效率通径分析

7.1.1.1 影响因子选择

根据前期研究成果[73-75]，河南省三义寨灌区用水效率是以 2005—2014 年 10 年间的 11 个指标数据为评价基础，11 个指标中包含 9 个定量指标和 2 个定性指标，进行了多重赋权的模糊优选评价。通径分析以年为计算单元选择 2005—2014 年为 10 个样本，考虑各评价指标间的重复性和计算量，剔除 2 个定性指标和 1 个定量指标，选择以下 8 个影响因子进行通径分析：工程因素中的配套设施完好率、实际引水量、渠道长度、渠道衬砌率、实际灌溉面积；自然因素中的降水量、地下水资源模数；管理因素中的节水工程投资。由于灌区用水效率采用了 3 种不同的权重进行模糊优选评价，因此确定 3 种评价结果的平均值为因变量。经过对引黄灌区用水效率通径分析的计算和筛选，用到的分析指标有 8 个影响因子之间相关系数 r_{ij}、通径系数 P_{yx_i}、决定系数 d_{yx_i} 和对回归方程可靠程度 R^2 的总贡献等。

7.1.1.2　用水效率的通径分析

对于三义寨引黄灌区用水效率的通径分析中，选取8个影响因子：配套设施完好率（X_1）、实际引水量（X_2）、渠道长度（X_3）、渠道衬砌率（X_4）、实际灌溉面积（X_5）、降水量（X_6）、地下水资源模数（X_7）、节水工程投资（X_8），因变量为处理后的用水效率评价级别特征值 Y_1，依据通径系数和相关系数（表7.1），得到引黄灌区用水效率及8个影响因子和误差项的通径图，由于图幅有限仅标出与影响因子 X_1 的相关系数，如图7.1所示。

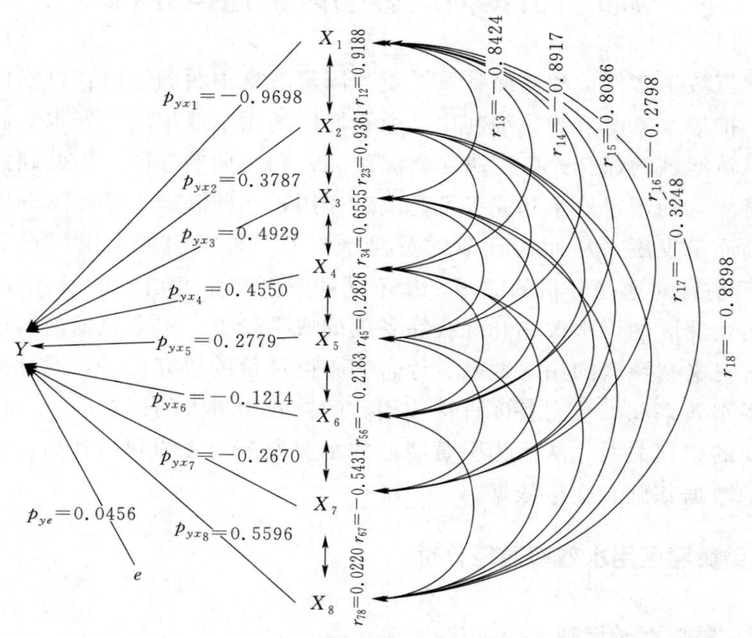

图7.1　8个影响因子对引黄灌区用水效率的通径关系图

表7.1　　引黄灌区用效率与各影响因子之间的相关系数 r

因素	X_1	X_2	X_3	X_4	X_5	X_6	X_7	X_8	Y_1
X_1	1.0000	0.9188	0.8424	0.8917	0.6086	−0.2798	0.3248	0.8898	1.0000
X_2	0.9188	1.0000	0.9361	0.8418	0.5344	−0.0936	0.4664	0.6657	0.9188
X_3	0.8424	0.9361	1.0000	0.6555	0.6913	−0.0095	0.4313	0.5332	0.8424
X_4	0.8917	0.8418	0.6555	1.0000	0.2826	−0.2587	0.4846	0.7909	0.8917
X_5	0.6086	0.5344	0.6913	0.2826	1.0000	−0.2183	−0.1819	0.4924	0.6086
X_6	−0.2798	−0.0936	−0.0095	−0.2587	−0.2183	1.0000	0.5431	−0.5403	−0.2798
X_7	0.3248	0.4664	0.4313	0.4846	−0.1819	0.5431	1.0000	0.0220	0.3248
X_8	0.8898	0.6657	0.5332	0.7909	0.4924	−0.5403	0.0220	1.0000	0.8898

根据式（7.2）转换为正规矩阵方程后，求解8个影响因子 X_i 对 Y_1 的关于通径系数 P_{yx_i} 的正规方程组，并计算每个影响因子对于引黄灌区用水效率的直接、间接作用，结果见表7.2。采用式（7.4）～式（7.7）计算各影响因子之间的决定系数并按照绝对值大小排序，分析8个自变量对回归方程估测可靠程度 R^2 总贡献，将最大的前6个和误差项决定系数排序，各个自变量对 R^2 总贡献的前7个影响因子排序见表7.3。

表7.2 影响因子对引黄灌区用水效率直接作用与间接作用

自变量	相关系数	直接作用	间接作用			
	r_{yx_i}	p_{yx_i}	总的	通过 X_1	通过 X_2	通过 X_3
X_1	0.8375	−0.9698	0.9532		0.3480	−0.4148
X_2	0.7855	0.3787	0.3607	−0.8911		0.4609
X_3	0.7664	0.4924	0.2123	−0.8169	0.3545	
X_4	0.6616	0.4550	0.2000	−0.8647	0.3188	0.3228
X_5	0.7502	0.2779	0.4318	−0.5902	0.2024	0.3404
X_6	−0.6057	−0.1214	−0.3945	0.2713	−0.0354	−0.0047
X_7	−0.1024	−0.2670	0.1903	−0.3150	0.1766	0.2123
X_8	0.7786	0.5596	0.2081	−0.8629	0.2521	0.2625

自变量	间接作用				
	通过 X_4	通过 X_5	通过 X_6	通过 X_7	通过 X_8
X_1	0.4057	0.1691	0.0340	−0.0867	0.4979
X_2	0.3830	0.1485	0.0114	−0.1245	0.3725
X_3	0.2983	0.1921	0.0012	−0.1151	0.2984
X_4		0.0785	0.0314	−0.1294	0.4426
X_5	0.1286		0.0265	0.0486	0.2756
X_6	−0.1177	−0.0607		−0.1450	−0.3024
X_7	0.2205	−0.0506	−0.0659		0.0123
X_8	0.3599	0.1369	0.0656	−0.0059	

表7.3 影响因子对引黄灌区用水效率的决定系数和对 R^2 总贡献排序

排序	因素	决定系数	自变量	对 R^2 总贡献
1	$d_{yx_1x_8}$	−0.9658	X_1	−0.8121
2	d_{yx_1}	0.9404	X_8	0.4357
3	$d_{yx_1x_3}$	−0.8045	X_3	0.3774
4	$d_{yx_1x_4}$	−0.7869	X_4	0.3010
5	$d_{yx_1x_2}$	−0.6750	X_2	0.2975

续表

排序	因素	决定系数	自变量	对 R^2 总贡献
6	$d_{yx_4x_8}$	0.4028	X_5	0.2085
误差项	d_{ye}	0.0021	X_6	0.0736

根据表 7.3 中可知，各影响因子的通径系数 p_{yx_i} 为通过直接作用对用水效率结果产生的影响，绝对值最大的前 4 个因子为：配套设施完好率（X_1）、节水工程投资（X_8）、渠道长度（X_3）、渠道衬砌率（X_4）。直接作用最小的降水量（X_6），其通过其他因子对灌区用水效率产生的间接作用也不大。通过对决定系数的显著性检验可知，$d_{yx_1x_8}$、$d_{yx_1x_3}$、$d_{yx_1x_3}$、$d_{yx_1x_4}$、$d_{yx_1x_2}$ 均为极显著水平（$\alpha<0.01$），可近似地认为绝对值大于 $d_{yx_1x_2}$（-0.6750）的决定系数为显著，小于-0.6750 的为不显著。根据表 7.3 各影响因子对引黄灌区用水效率的决定系数，配套设施完好率（X_1）对 Y_1 的相对决定系数为 0.9404，位于各因子的第 2 位，且对 R^2 总贡献为-0.8121，为绝对值最大，表明配套设施完好率（X_1）是影响引黄灌区用水效率最重要的影响因子。配套设施完好率（X_1）还与节水工程投资（X_8）、渠道长度（X_3）、渠道衬砌率（X_4）共同作用，占据了决定系数的前 4 位，节水工程投资（X_8）、渠道长度（X_3）、渠道衬砌率（X_4）也是对 R^2 总贡献的第 2、3、4 位，说明这 3 个因素共同作用下，对用水效率起到显著的影响作用。误差项对用水效率 Y_1 的通径系数为 0.0456，相对决定系数为 0.0021，对 R^2 总贡献为 0.0212，均为最小，说明对灌区用水效率影响较大的因子全部考虑到了，评价误差较小且引黄灌区用水效率计算结果较准确。

7.1.2　引黄灌区完备度通径分析

7.1.2.1　影响因子选择

为了明确引黄灌区用水效率与完备度评价结果的关键影响因素，对比两种评价通径分析的结果，选择三义寨引黄灌区相同的评价时段 2005—2014 年 10 年间，相同的评价指标去进行通径分析计算。根据前期研究成果[47]，三义寨灌区综合完备度评价是以 9 个指标为基础，进行了相对差异度函数的模糊可变评价。通径分析以年为计算单元选取 2005—2014 年的 10 个样本，剔除 2 个定性指标，选择以下 7 个影响因子进行通径分析：配套设施完好率（X_1）、实际引水量（X_2）、渠道长度（X_3）、渠道衬砌率（X_4）、实际灌溉面积（X_5）、机构设置（X_6）、节水工程投资（X_7），采用 3 种不同权向量的综合完备度平均值为因变量。用到的分析指标有 7 个影响因子之间相关系数 r_{ij}、通径系数 p_{yx_i}、决定系数 d_{yx_i} 和对回归方程可靠程度 R^2 的总贡献等。

7.1.2.2 综合完备度的通径分析

对于三义寨引黄灌区综合完备度的通径分析中，选取7个影响因子：配套设施完好率（X_1）、实际引水量（X_2）、渠道长度（X_3）、渠道衬砌率（X_4）、实际灌溉面积（X_5）、机构设置（X_6）、节水工程投资（X_7），因变量为处理后的评价级别特征值Y_1，依据通径系数和相关系数（表7.4），得到引黄灌区用水效率及7个影响因子和误差项的通径图，如图7.2所示。

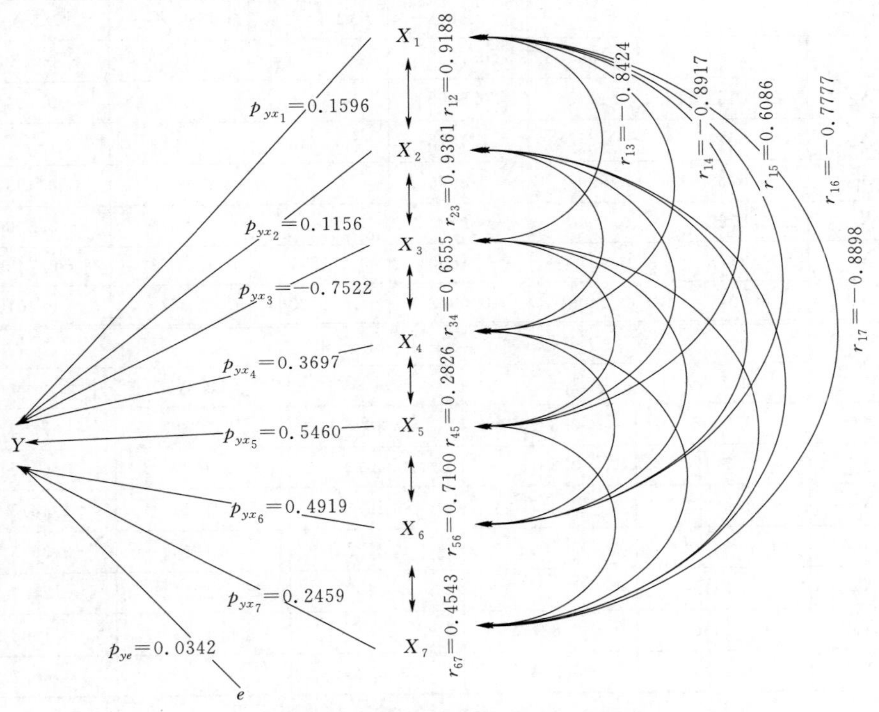

图7.2 7个影响因子对引黄灌区综合完备度的通径关系图

表7.4 引黄灌区综合完备度与各影响因子之间的相关系数 r

因素	X_1	X_2	X_3	X_4	X_5	X_6	X_7	Y_1
X_1	1.0000	0.9188	0.8424	0.8917	0.6086	0.7777	0.8898	0.9124
X_2	0.9188	1.0000	0.9361	0.8418	0.5344	0.8889	0.6657	0.8164
X_3	0.8424	0.9361	1.0000	0.6555	0.6914	0.9916	0.5332	0.8471
X_4	0.8917	0.8418	0.6555	1.0000	0.2826	0.5534	0.7909	0.6763
X_5	0.6086	0.5344	0.6914	0.2826	1.0000	0.7100	0.4925	0.8762
X_6	0.7777	0.8889	0.9916	0.5534	0.7100	1.0000	0.4543	0.8178
X_7	0.8898	0.6657	0.5332	0.7909	0.4925	0.4543	1.0000	0.8051

根据式（7.2）转换为正规矩阵方程后，计算每个影响因子对于引黄灌区用水效率的直接、间接作用，结果见表 7.5。利用式（7.4）～式（7.7）计算各影响因子之间的决定系数，将绝对值最大的前 6 个和误差项决定系数排序，各个自变量对 R^2 总贡献的前 7 个影响因子排序见表 7.6。

表 7.5　　影响因子对引黄灌区用水效率直接作用与间接作用

自变量	相关系数	直接作用	间接作用			
	r_{yx_i}	P_{yx_i}	总的	通过 X_1	通过 X_2	通过 X_3
X_1	0.9124	0.1596	0.7359		0.1062	−0.6336
X_2	0.8164	0.1156	0.6465	0.1466		−0.7041
X_3	0.8471	−0.7522	1.4813	0.1344	0.1082	
X_4	0.6763	0.3697	0.3675	0.1423	0.0973	−0.4931
X_5	0.8762	0.5460	0.2137	0.0971	0.0618	−0.5200
X_6	0.8178	0.4919	0.1850	0.1241	0.1028	−0.7459
X_7	0.8051	0.2459	0.6027	0.1420	0.0770	−0.4010

自变量	间接作用				
	通过 X_4	通过 X_5	通过 X_6	通过 X_7	通过 X_8
X_1	0.3296	0.3323	0.3825	0.2188	0.7359
X_2	0.3112	0.2918	0.4373	0.1637	0.6465
X_3	0.2423	0.3775	0.4878	0.1311	1.4813
X_4		0.1543	0.2722	0.1945	0.3675
X_5	0.1045		0.3492	0.1211	0.2137
X_6	0.2046	0.3877		0.1117	0.1850
X_7	0.2924	0.2689	0.2235		0.6027

表 7.6　　影响因子对引黄灌区用水效率的决定系数和对 R^2 总贡献排序

排序	因素	决定系数	自变量	对 R_2 总贡献
1	$d_{yx_3x_6}$	−0.7338	X_3	−0.6371
2	$d_{yx_3x_5}$	−0.5678	X_5	0.4787
3	d_{yx_3}	0.5658	X_6	0.4023
4	$d_{yx_5x_6}$	0.3814	X_4	0.2500
5	$d_{yx_3x_4}$	−0.3646	X_7	0.1980
6	d_{yx_5}	0.2981	X_1	0.1456
误差项	d_{ye}	0.0012	X_2	0.0944

根据表 7.6 中引黄灌区综合完备度评价的通径分析结果，可知各影响因子

的通径系数 P_{yx_i} 为通过直接作用对综合完备度结果产生的影响，绝对值最大的前 4 个因子为：渠道长度（X_3）、实际灌溉面积（X_5）、机构设置（X_6）、渠道衬砌率（X_4），实际引水量（X_2）的直接作用最小。通过对决定系数的显著性检验可知，$d_{yx_3x_6}$、$d_{yx_3x_5}$、d_{yx_3} 均为极显著水平（$\alpha<0.01$），可近似地认为绝对值大于 $d_{yx_4x_5}$（0.5658）的决定系数为显著，小于 0.5658 的为不显著。根据表 7.6 各影响因子对引黄灌区综合完备度的决定系数，渠道长度（X_3）、机构设置（X_6）共同作用时，对 Y_1 的相对决定系数为－0.7338，位于各因子的第 1 位，且 X_3 对 R^2 总贡献为－0.6371，也是绝对值最大，表明渠道长度（X_3）是影响引黄灌区综合完备度最重要的影响因子。渠道长度（X_3）、实际灌溉面积（X_5）、机构设置（X_6）、渠道衬砌率（X_4），互相作用占据了决定系数的前 4 位，也是对 R^2 总贡献的前 4 位，说明这 4 个因素共同作用下，对引黄灌区的综合完备度评价起到显著的影响作用。误差项对综合完备度 Y_1 的通径系数为 0.0342，相对决定系数为 0.0012，均为最小，说明对灌区综合完备度影响较大的因子全部考虑到了，评价误差较小且完备度计算结果较准确。

7.2 引黄灌区自然因素影响分析

7.2.1 气候条件

气候条件对灌溉真实耗水量的影响比较复杂，对于不同的气候区，如干旱地区迫于灌溉水资源量缺乏的压力，尽可能采取节水灌溉措施，提高管理水平，倾向于采用非充分灌溉的方式，与之相反湿润地区则更倾向于充分灌溉方式。但对同一地区而言，降水多少影响灌区作物种植结构和种类，宏观趋势上，真实耗水量随着降雨增多而减小，枯水年份的真实耗水量要高于降水充沛年份。

7.2.2 水资源条件

水资源条件影响用水和管水行为。一般而言，灌区可利用水量主要由降雨产生的地表径流、渠首工程引水、农业灌溉回归水，以及取用的地下水 4 部分组成。宏观趋势上讲，降水量丰富或其他水资源较便利的地区真实耗水量反而降低，降水量相对较少，或供水条件较差的地区，真实耗水量较高。由于水资源短缺以及地区经济发展和人口增长对水的需求日益增加，以及灌区水资源开发利用程度的日益提高，灌区水资源供需矛盾不断加剧。

7.2.3　土壤地质情况

砂质土壤透水性强，在蓄水困难的地区，渠道和田间渗漏损失严重，真实耗水量就较大。对于土层覆盖比较厚、黏性土壤含量多、地下水埋深浅、地势较平坦的地区，渠道和田间渗漏损失量较小，真实耗水量也就较小。田间持水量与土壤质地关系密切，黏性土的田间持水量明显高于沙土，一般可达沙土的2～4 倍。在土壤计划湿润层深度相同的条件下，砂土的灌溉用水有效利用率小于壤土，壤土小于黏土。

7.2.4　土壤计划湿润层深度

土壤计划湿润层深度取值的大小对灌水定额的确定产生直接影响，同时也很大程度的影响灌区真实耗水量的高低。土壤计划湿润层深度与土壤中能存储的有效水量成正比关系，因为这种情况下土壤毛细管孔隙的持水量就相对较小，与之对应的土体水分增加量就小，灌溉真实耗水量就高。伴随着土壤计划湿润层深度的增加，其中土壤中部分渗漏水就会转化为有效水，因而使得该土层范围内的土壤有效持水能力加大，真实耗水量有所降低。

7.3　灌区规模与类型影响分析

7.3.1　灌区规模

灌区规模对灌溉真实耗水量有显著的影响，由于灌区规模不同，其渠系复杂程度也会有一定的差异，因而导致灌溉真实耗水量的差异。对于大型灌区，渠道较多、总长度较长、输水面积较大、配合用水的建筑物较多，管理难度较大，所以渠系真实耗水量就较大。相比之下，小型规模的灌区，由于渠道总长度小，渠系少、输水面积也较小，配合用水的建筑物相对较少，较容易管理，所以造成的损失较少，使得真实耗水量较小。

7.3.2　灌区类型

灌区类型能够综合反映当地的水利化程度、畦田平整度、畦长、水管理状况等因素。井灌区由于提水成本较高，为了降低生产成本，水利化程度往往较高，大多采用低压管道或防渗渠道输水，畦田较平整，规格也较小，渠系水和田间水利用系数都高，因此，真实耗水量就低；提水灌区主要采用水泵扬水灌溉，运行水价相对较高，为减少能耗降低灌溉费用，水利化程度也比较高，但因灌溉面积一般都比井灌区大，在输配水工程的标准和畦田平整度及规格方面

都不如井灌区，因而真实耗水量一般也高于井灌区；自流灌区一般面积大，水资源条件相对较好，用水成本较低，大量的水资源以及便捷的取水方式导致农户的节水意识较差，灌溉管理较为粗放，并且此类灌区田间工程、畦田平整度较差，规格不合理的田块占比较大，使得用水效率低下，真实耗水量最高。

7.4 灌区工程状况影响分析

7.4.1 渠道防渗措施

渠道不同的防渗措施直接影响着真实耗水量。国内外的实测结果证明，与普通土渠相比，一般渠灌区的各级渠道采用黏土，进行夯实处理可降低渗漏损失量45%左右，通过混凝土衬砌处理可降低渠道渗漏损失量75%左右，通过塑料薄膜衬砌处理可降低渗漏损失量80%左右；对于大型灌区，通过渠道防渗处理能够使渠系水利用系数提高0.2～0.4，经过这种处理后可降低渠道渗漏损失50%～90%[20]。

7.4.2 低压管道输水

低压管道输水灌溉技术，灌溉水可以直接由管道分水口输送至田间，也可在分水口处连接软管等装置输水进入田间、沟畦，因此减少了水在输送过程中的损失。实验研究表明低压管道输水效率高达95%，较土渠节约30%、较砌石渠道节约大概15%、较混凝土板衬砌渠道节约约7%。由于降低了输水过程中的损失量，从水源的取水量大幅减少，相当于节约能耗25%以上[20]。

7.5 灌区灌溉管理水平影响分析

7.5.1 用水方面的管理

用水管理方面最重要的就是通过减少灌溉用水的非工程性损失量，进而提高灌溉水利用系数。灌区的工作人员通过优化配置水资源，精心管理调度水源，尽量减少运水、输水过程中的漏水现象，从而来提高灌溉水利用系数。

7.5.2 制定合理的水价

通过经济手段来提高用户的节水意识，减少水资源浪费，进而提高水的利用率。还可以让用户参与到灌溉管理中来，提高用水户的积极性，自觉节约用水，保护灌溉水利设施，使真实耗水量得以降低。

7.5.3 农户参与用水管理

建立一种农户参与用水管理的机制，积极引导、鼓励农户参与用水管理，逐步建立健全用水户自我约束、自行监督、对灌溉用水实行自律式管理的长效机制，直接提高农户的用水效率。

7.5.4 工程管理制度

灌溉工程管理的基础是水利设施，水利设施的改进能极大地提高灌溉用水利用系数。另外，管理水平对于真实耗水量也有极大的影响。

7.6 灌溉技术水平影响分析

7.6.1 畦田平整度和规格

畦田平整和畦田长宽规格情况对田间水利用量影响显著，从而影响灌溉真实耗水量的高低。田面平整度越差，灌水均匀度明显降低，灌水深度逐渐增加，田间渗漏损失量加大，田间水利用系数随之大幅度下降，从而提高了耗水量。

同时，畦田规格对田间水利用系数的影响也较为显著。有关研究表明，随着畦长和灌水量的增大，田间水利用系数依次降低，虽然田间水利用系数受到各种因素的影响，但畦长的影响最为明显。在水源流量一定的条件下，畦宽对田间水利用系数影响的实质性原因就是单宽流量的影响，入畦单宽流量大，可促使水流在畦田内的流动速度加快，缩小流动历时，使得田间土壤入渗及水分分布更为均匀，有助于提高田间水利用系数。但在入畦流量受到限制的情况下，畦田越宽，灌水时间会相应增大，田间渗漏损失响应加大，田间水利用系数反而会下降。

7.6.2 喷灌技术

喷灌全部采用管道输水，通过工程技术手段给水加压，输水损失很少，并能按照作物需水要求，做到适时适量灌溉，利用喷头喷洒在作物所在田块，田间基本上不会产生深层渗漏，也不会形成地面径流，灌水量比较均匀，可比传统地面灌节水 30％～50％。喷灌对于保水能力差的砂质土，节水效果更为明显，灌溉水的有效利用程度高。

7.6.3 微灌技术

将有压水流变成细小水流或水滴，通过水管均匀、准确地直接送到植物根

部附近，达到湿润种植作物根区的目的，这种灌溉方式就是微灌技术。与传统地面灌和喷灌相比，微灌是一种局部灌溉的方式，输水损失和田间灌水的渗漏损失极小，水的利用效率比地面灌节约50%～60%。

7.6.4　改进的地面灌水技术

改进的地面灌水技术主要有水平畦田灌溉技术、覆膜灌溉技术等。水平畦灌采用激光平地技术来实现高精度的地面平整水平，通过科学控制水平畦田的单宽流量和水平畦田的长与宽，取得良好的节水效果，田间水利用系数可达到0.8以上，有利于灌溉水利用系数的提高。覆膜灌溉类似于滴灌，属于局部灌溉，可以有效地防止深层渗漏，地膜覆盖能够使全部水量灌到膜下，从而减少棵间蒸发，因此提高了灌溉水利用系数。

7.6.5　非充分灌溉技术

非充分灌溉技术是指在作物生育期内，部分满足作物水量需求的灌溉方式。使用非充分灌溉有两种可能，一种是为了达到节约用水的目的，采用基于作物生理调控的调亏灌溉技术，提高水分生产率的主动非充分灌溉；另一种是，由于灌溉水源不足，不能满足正常灌溉需求，只能灌关键水、保苗水而被动进行的非充分灌溉。干旱缺水耕地面积占我国耕地总面积比例比较大，非充分灌溉对于这类地区的农田灌溉用水具有指导意义，合理科学应用非充分灌溉技术能够使因为缺水对作物造成的负面作用降低到最小。

7.7　农艺节水技术影响分析

农艺节水技术是通过科学浇灌、选用优良种子、精细平田整地、科学施肥等综合配套农艺措施，实现节水增产。有关研究表明，通过农田补充灌溉技术以及选择抗旱高效的作物与品种等农艺技术能够节约用水和提高水分利用效率。秸秆覆盖技术土壤保水率可提高30%～55%，地膜覆盖技术土壤保水率可提高30%～60%。在农田灌溉过程中配套采用农艺节水措施，能够降低因为灌水过程中深层渗漏和无效蒸发引起的损失，从而提高农田灌溉水利用系数。

7.8　小　　结

(1) 选择三义寨引黄灌区2005—2014年10年数据为分析样本，查找用水效率与综合完备度的关键影响因素，对比用水效率的8个影响因子、灌区综合完备度的 7 个影响因子的通径分析结果发现，在其中 6 个影响因子相同的情况下，针对不同的评价主体和目标，相同的影响因子表现出的直接作用、间接作用、决定系数、对 R^2 总贡献差异显著。

（2）对于引黄灌区用水效率评价而言，配套设施完好率是最重要的影响因子，配套设施完好率还与节水工程投资、渠道长度、渠道衬砌率共同作用，对引黄灌区的用水效率起到显著的影响作用，影响作用最小的因素是降水量。因此要想提高引黄灌区的用水效率，就应着力提高配套设施完好率、节水工程投资、完善渠道长度和衬砌率。

（3）对于引黄灌区的综合完备度而言，渠道长度是最重要的影响因子，实际灌溉面积、机构设置、渠道衬砌率对引黄灌区的综合完备度评价起到显著的影响作用，实际引水量的直接作用最小。因此要想提高引黄灌区的综合完备度分值，应延长渠道长度，扩大灌溉面积，提高管理水平、完善机构设置。

（4）通过分析发现误差项对用水效率和综合完备度评价的直接作用、间接作用均为最小，说明对灌区用水效率和综合完备度而言，影响较大的因子在评价时全部考虑到了，评价误差较小且计算结果较准确。比起简单的相关系数和回归分析方法，通径分析方法可以准确计算出自变量对因变量影响的直接作用和间接作用，具有直观、科学、合理的优势，根据分析结果可为引黄灌区的升级配套改造和高质量发展明确着力方向。

（5）三义寨引黄灌区的真实耗水量受灌区自然因素、灌区规模与类型、灌区工程状况、灌溉管理水平、管理技术水平、农艺节水技术等多种因素的综合影响。对三义寨引黄灌区的真实耗水量受灌区自然因素 4 条、灌区规模与类型 2 条、灌区类型 2 条、灌溉管理水平 4 条、管理技术水平 5 条、农艺节水技术等多种因素的综合影响进行了分析，对影响因素的原因、类型进行具体分析，并提出相应的解决措施。

第8章

结论与展望

8.1 结　论

本书首先对三义寨引黄灌区的基本情况进行了全面的分析，包括对三义寨引黄灌区的基本概况、灌溉面积、工程特点和灌溉工程等现状情况，进行了详细的说明和分析，为后续灌溉用水有效利用系数的深入研究奠定坚实的基础。

8.1.1 明确灌区真实耗水量的构成及量化计算方法

首先明确了灌区总耗水量、灌溉用水总量、非灌溉用水量、作物需水量、净灌溉水量、灌溉真实耗水量、引黄渠灌耗水量等相关概念，然后确定了各个水量的计算方法、公式，理清了各种水量之间的关系和构成。并以河南省三义寨引黄灌区为研究实例进行了计算，根据结果，2005—2012 年间，三义寨引黄灌区的总耗水量不断增加，2012 年达到 8.14 亿 m^3，扣除用在工业、生活和生态环境的用水之外，98%以上的水量用在了农业灌溉方面。灌溉真实耗水量的计算结果显示，用在农业灌溉方向的水量有 50%以上的水资源都消耗了，消耗的原因是从引水口至田间的渠道上蒸发、渗漏等。

8.1.2 对引黄灌区主要作物需水量进行了计算及趋势分析

针对三义寨引黄灌区主要作物需水量、有效降水量和净灌溉需水量的计算问题，采用参考作物法构建模型，以联合国粮农组织推荐的 Penman - Monteith 公式为基础的修正式进行计算。以惠北水利科学试验站观测数据为基础，得出冬小麦全生育期（10 月中旬至次年 5 月下旬）的作物需水量在 1999—2019 年年际变化为 395.494～796.776mm，均值为 579.425mm，有效降水量均值为 160.090mm，净灌溉需水量均值为 453.291mm，灌溉需求指数均值为 0.773，对灌溉的依赖程度较高；夏玉米全生育期（6 月中旬至 9 月中旬）的作物需水量在 1999—2019 年年际变化为 187.581～716.762mm，均值为 359.310mm，有效降水量均值为 295.776mm，净灌溉需水量均值为 149.768mm，灌溉需求指数均值为 0.371，对灌溉的依赖程度较低；棉花全生育期（4 月上旬至 10 月下旬）的作物需水量在 1999—2019 年年际变化为

366.985～1049.358mm，均值为 580.561mm，有效降水量均值为 433.519mm，净灌溉需水量均值为 266.470mm，灌溉需求指数均值为 0.421，对灌溉的依赖程度中等。将三种作物需水量按生育期叠加，灌区净灌溉需水量最大的为 3 月，是由于冬小麦在拔节抽穗期对水量需求较大。4 月、5 月冬小麦处于关键的灌浆成熟期，棉花处于苗期和成长期，因此净灌溉需水量在全年中位于第 2、3 位。冬小麦、夏玉米、棉花 3 种作物的生育期需水量、净灌溉需水量均为增加趋势，有效降水量均呈现减少趋势，夏玉米和棉花的净灌溉需水量增加倾向率较大，主要是由于夏玉米和棉花的生育期与降水量较大的 7 月、8 月重合，因此受到降水量和气候的影响较显著。

8.1.3 基于用水流向跟踪法构建由 9 个指标构成的半结构性评价指标体系

为了全面梳理引黄灌区用水过程中所有影响因子，根据前期研究成果，采用用水流向跟踪法进行分析。该方法的优点在于跟踪水流在灌区引用、分配、用水、排水、流动的全线全过程，能够全面、符合逻辑地找到灌区的多种影响因子，具体的实施过程为"水源引水→干支渠输水→斗农渠配水→农田利用→排水沟汇水→进承泄区→影响因子识别→归类组合→确定指标"。结合三义寨引黄灌区的特点，根据识别结果，确定了引黄灌区综合完备度评价指标体系。将三义寨引黄灌区 2005—2014 年的数据进行整理和汇总，在 10 年计算时段的工程因素子系统中，由于计量精准率指标数据相同，实际排水量、排水沟长度这 2 个指标在三义寨引黄灌区中没有设置，取消这 3 个不具备代表性和差异性的指标；在非工程因素子系统中，由于灌区规划、规章制度这 2 个指标描述的内容相同，节水技术使用率、节水教育普及率这 2 个指标无数据，取消这 4 个指标。最终构建由 9 个指标构成的半结构性评价指标体系，分属于工程因素、非工程因素 2 个单元系统，其中定量指标 7 个，定性指标 2 个。

8.1.4 构建了基于相对差异度函数的灌区综合完备度综合评价模糊可变模型

结合三义寨引黄灌区的实际情况和管理水平，综合完备度评价分为 5 级，Ⅰ级为极优，Ⅱ级为较优，Ⅲ级中等，Ⅳ级较差，Ⅴ级为极差。确定了引黄灌区综合完备度评价 5 级分级标准。基于用水流向跟踪和相对差异度函数构建模糊可变综合评价模型，利用对等级界限进行模糊可变判别的方法，提高评价最终结果的精准性，并以三义寨引黄灌区为例进行验证，完善评价方法和验证模型，从而为引黄灌区的可持续发展提供相应的数据基础和技术支撑。

8.1.5 对三义寨引黄灌区进行了灌溉用水有效利用系数综合评价实例计算

为了获得科学合理的灌区综合完备度评价结果，采用用水流向跟踪法对相

关的影响因子进行了有效识别、归类，基于相对差异度函数构建了综合完备度的多层次半结构模糊可变评价模型，该模型不仅可以评价出级别，还可以量化成分值。以三义寨引黄灌区2005—2014年的数据为基础进行计算，为了减小权重对评价结果的影响，采用了系统等权重、指标等权重和熵值权重3种权重进行计算，结果显示出2005—2007年3年的三义寨引黄灌区综合完备度为Ⅱ级，其他年份为Ⅲ级，其中2012年综合完备度分值最高，为74.81分。经过实例验证，认为该评价模型具有较好的适用性，能够有效地识别出指标差异，获得精准的评价定位等级和量化值，为下一步有针对性、科学合理地完善引黄灌区软硬件奠定基础，并为引黄灌区的可持续发展提供可靠的数据支撑。

8.1.6 针对气象因子对引黄灌区作物需水量影响的通径分析

作物需水量是灌区最重要的水资源消耗途径，研究作物需水量的主要影响因子可为引黄灌区的水资源节约集约利用提供有效支撑。以三义寨引黄灌区1999—2019年21年756组逐旬气象数据为基础，采用联合国粮农组织（FAO）推荐的Penman-Monteith公式为基础的修正式来计算作物需水量，以旬为计算单元时长共选取23个样本。通过对三义寨引黄灌区冬小麦作物需水量的通径分析可知，影响最大的4个气象因子为：平均气温、最高气温、最低气温、日照时数。通过敏感性分析可知平均气温、最高气温、最低气温和日照时数之间互相影响密切，最大日照时数的直接作用最小，但是通过其他气象因子对作物需水量产生的间接作用最大。9个气象因子敏感程度排序为：平均气温＞日照时数＞最高气温＞平均风速＞最低气温＞水面蒸发量＞最大日照时数＞降水量＞空气相对湿度。比起简单的相关系数和回归分析方法，通径分析方法可以准确计算出自变量对因变量影响的直接作用和间接作用，确定各因子的敏感程度，从而为建立更有效的引黄灌区作物需水量计算方程奠定基础。

8.1.7 基于气象指数和变化幅度对三义寨引黄灌区需水量进行了动态阈值预测

针对气象变化条件下引黄灌区灌溉需水量的确定问题，以三义寨灌区1999—2019年756组逐旬气象数据为基础，开展需水量动态阈值研究。根据前期冬小麦、棉花和夏玉米作物需水量通径分析，选择最显著的气象因子分别构建冬小麦、棉花和夏玉米气象指数，确定微、弱、强和极强4个变化幅度。分析冬小麦全生育期486组旬气象数据，极强变化出现次数最多的时间是1月上、中、下旬，强变化是2月上旬及12月下旬，3月下旬至5月下旬气以微变化和弱变化为主，弱变化在分析时段出现的频率最高，占40.79%；极强变化出现的频率最低，占13.87%。夏玉米极强变化出现次数最多的时间是7月中、下旬和8月上旬，极强变化出现的频率最高，占28.57%；强变化出现的频率最低，占14.70%；棉花极强变化出现次数最多的时间是7月中、下旬和8月上旬，微变化出现的频率最高，占34.01%；强变化频率最低，占15.65%。对三义寨引黄灌区按气象指数正、负向微、弱、强变化的6种模式，结合种植结构和分区面积计算出当气象指数微变化时，动态灌溉需水量阈值为6.02亿～20.06亿m^3，在弱变化时阈值为2.24亿～33.52亿m^3，强变化时阈值为0.14亿～47.13亿m^3。通过构建引黄灌区气象变化指数，确定变化幅度和对应的分区、分旬灌溉需水量的阈值范围，对于3种作物给出每旬发生气象变化的强度及频率，从而为应对气象变化条件下引黄灌区的水量调度分配、防灾减灾等工作奠定了良好的基础，为灌区的高质量发展提供技术支撑。

8.1.8　三义寨引黄灌区用水效率与综合完备度影响因素分析

选择三义寨引黄灌区2005—2014年10年数据为分析样本，查找用水效率与综合完备度的关键影响因素，对比用水效率的8个影响因子、灌区综合完备度的7个影响因子的通径分析结果发现，在其中6个影响因子相同的情况下，针对不同的评价主体和目标，相同的影响因子表现出的直接作用、间接作用、决定系数、对R^2总贡献差异显著。对于引黄灌区用水效率评价而言，配套设施完好率是最重要的影响因子，配套设施完好率还与节水工程投资、渠道长度、渠道衬砌率共同作用，对引黄灌区的用水效率起到显著的影响作用，影响作用最小的因素是降水量。因此要想提高引黄灌区的用水效率，就应着力提高配套设施完好率、节水工程投资、完善渠道长度和衬砌率。对于引黄灌区的综合完备度而言，渠道长度是最重要的影响因子，实际灌溉面积、机构设置、渠道衬砌率是对引黄灌区的综合完备度评价起到显著的影响作用，实际引水量的直接作用最小。因此要想提高引黄灌区的综合完备度分值，应延长渠道长度、扩大灌溉面积、提高管理水平、完善机构设置。

8.2　创　新　点

（1）充分考虑了气象条件变化对灌区净灌溉需水量的影响。随着全球气候变暖，极端天气发生的概率也在不断增加，气象条件变化对灌区净灌溉需水量的影响也越来越显著，因此本书以气象条件变化为切入点，深入分析和研究气象对灌区净灌溉需水量的影响，从而解决两个关键问题：一是能够充分应对现在频繁发生的极端气候变化，如干旱、内涝对灌区农业灌溉和作物产量的影响，从而有效地规避损失和风险；二是能够把有限的黄河水资源在灌区内进行充分、有效、真实的利用，为地方经济的发展奠定宝贵的资源基础。

（2）注重“以需定供、以耗定供”水资源管理模式的实际可操作性。目前引黄灌区的水资源管理和利用模式大部分是以粗放的漫灌为主，灌溉水有效利用系数和水资源利用效率较低，本书的研究不仅从理论上解决灌区的净灌溉需水量、真实耗水量确定的关键问题，而且也注重“以需定供、以耗定供”原则在灌区的实际可操作性，从而实现引黄灌区能够真正达到提高灌区用水有效利用系数和水资源利用效率的目的，也为扎实而有效地实施最严格的水资源管理，达到“三条红线”的要求提供可行的技术路径。

（3）开拓了引黄灌区水资源利用新的研究视角。引黄灌区一直以来是按配水定额和灌溉定额进行引水、配水、灌溉的，这种做法存在以下弊端：一方面没有考虑不同气象条件变化对净灌溉需水量的影响；另一方面引水量与实际需水量不匹配，会造成水资源的浪费或是短缺。因此，本书的研究充分考虑气象条件变化对灌区净灌溉需水量、真实耗水量的影响，理清两者的内在响应机制和变化规律，拓展了引黄灌区水资源利用的研究视角，同时也为我国缺水地区的灌区水资源高效利用和管理寻找到了一条新的思路。

（4）构建了解决引黄灌区“以需定供、以耗定供”关键技术问题的方法体系。引黄灌区实施“以需定供、以耗定供”，关键问题是需要知道“需水量”“耗水量”究竟是多少？如何确定？利用构建的气象因子与净灌溉需水量之间的响应机制和量化关系，建立净灌溉需水量计算模型；基于用水流向跟踪法，确定灌区的实际耗水因子和计算方法；基于灌区综合完备度评价指标体系，对灌区真实耗水量进行动态阈值预测。以上的研究思路和可行的技术路线构成了完整的方法体系，从而为实现引黄灌区“以需定供、以耗定供”的用水方式的新突破提供技术支持和保障。

8.3 展　望

8.3.1 存在的问题

虽然对于引黄灌区的灌溉真实耗水量的研究取得了一些进展，但回顾研究过程，整理和汇总取得的研究成果，存在的主要问题如下：

（1）由于收集和掌握的数据及资料有限，研究成果具有一定的区域局限性，如果数据和资料能进行更广泛和详细的收集扩展，进行实例验证的范围就会扩大，可以使取得的成果在黄河所有的引黄灌区进行推广和使用。

（2）由于灌区的排水沟、节水技术方面没有收集到相关的数据，如果有合适的数据，可以进行更充分和详细的评价。当条件许可时，应做相应计算模型修正和完善，明确计算关键技术的操作方法。

8.3.2　下一步的研究计划

（1）尽可能地收集更多的黄河引黄灌区的资料和数据，对已建立的评价指标、影响因子、计算模型进行修正和调整，使其更具有普适性。

（2）尽可能地采用不同的计算方法，加以实测的引黄灌区的实际数据，与计算数据进行对比分析，从而改进模型，提高研究成果的可靠性和准确度。

参 考 文 献

［1］ 钱正英，张光斗．中国可持续发展水资源战略研究综合报告及各专题报告［M］．北京：中国水利水电出版社，2001：10－26.

［2］ 贾绍凤，何希吾，夏军．中国水资源安全问题及对策［J］．中国科学院院刊，2004，19（5）：347－351.

［3］ 王浩，殷峻暹．洪水资源利用风险管理研究综述［J］．水利发展研究，2004（5）：4－8.

［4］ 张建云，张四龙，王金星，等．近50年来中国六大流域年际径流变化趋势研究［J］．水科学进展，2007，18（2）：231－234.

［5］ HAN X，LIN W，LIN W. Spatiotemporal analysis of potential evapotranspiration in the Changwu tableland from 1957 to 2012［J］. *Meteorological Applications*，2015，22（3）：586－591.

［6］ JENSEN M E，BURMAN R D，ALLEN R G. Evapotranspiration and Irrigation Water Requirements［J］. *American Society of Civil Engineers*，2015.

［7］ WOZNICKI S A，NEJADHASHEMI A P，PARSINEJAD M. Climate change and irrigation demand：Uncertainty and adaptation［J］. *Journal of Hydrology Regional Studies*，2015，3：247－264.

［8］ KUSHAN C. PERERA，ANDREW W. et al，Multivariate time series modeling of short－term system scale irrigation demand［J］. *Journal of Hydrology*，2015，12（531）：1003－1019.

［9］ 刘钰，汪林，倪广恒，等．中国主要作物灌溉需水量空间分布特征［J］．农业工程学报，2009，25（12）：6－12.

［10］ 孙世坤，蔡焕杰，王健．石羊河流域春小麦灌溉需水量时空分布研究［J］．节水灌溉，2010（5）：22－27.

［11］ 马林，杨艳敏，杨永辉，等．华北平原灌溉需水量时空分布及驱动因素［J］．遥感学报，2011，15（2）：324－339.

［12］ 李萍，魏晓妹．气候变化对灌区农业需水量的影响研究［J］．水资源与水工程学报，2012（1）：81－85.

［13］ 李硕．气候变化对西北干旱区农业灌溉需水的影响研究［D］．石家庄：河北师范大学，2013.

［14］ 黄仲冬，齐学斌，樊向阳，等．气候变化对河南省冬小麦和夏玉米灌溉需水量的影响［J］．灌溉排水学报，2015（4）：10－13.

［15］ 马黎华，康绍忠，粟晓玲，等．农作区净灌溉需水量模拟及不确定性分析［J］．农业工程学报，2012（8）：11－18.

［16］ 王战平．宁夏引黄灌区水资源优化配置研究［D］．银川：宁夏大学，2014.

［17］ 王明新．基于RS和GIS的灌区需水量预报系统的研发［D］．杨凌：西北农林科技

大学，2010.

[18] 程涛．基于小波分析的上海市环境空气质量变化及与气象关系研究［D］．上海：华东师范大学，2007.

[19] 贺伟，布仁仓，熊在平，等．1961—2005年东北地区气温和降水变化趋势［J］．生态学报，2013（2）：519-531.

[20] 胡永宁，王林和，张国盛，等．毛乌素沙地1969—2009年主要气候因子时间序列小波分析［J］．中国沙漠，2013（2）：390-395.

[21] 汤小橹，金晓斌，盛莉，等．基于小波分析的粮食产量对气候变化的响应研究——以西藏自治区为例［J］．地理与地理信息科学，2008（6）：88-92.

[22] 田俊，黄淑娥，祝必琴，等．江西双季早稻气候适宜度小波分析［J］．江西农业大学学报，2012（4）：646-651.

[23] FU C，DIAZ H F，DONG D，et al. Changes in atmospheric circulation over northern hemisphere oceans associated with the rapid warming of the 1920s［J］. *International Journal of Climatology*，1999，19（6）：581-606.

[24] 符淙斌，王强．气候突变的定义和检测方法［J］．大气科学，1992（4）：482-493.

[25] 阎苗渊，马细霞，路振光，等．气候变化对人民胜利灌区作物灌溉需水量影响分析［J］．灌溉排水学报，2013，32（4）：64-66.

[26] 闫苗祥，杨军耀．郑州市作物需水量主成分分析［J］．节水灌溉，2014（7）：22-24.

[27] 轩俊伟，郑江华，刘志辉．近50年新疆小麦蓄水量时空特征及气候变化影响因素分析［J］．水土保持研究，2015，22（4）：155-160.

[28] 吴灏，黄英，王杰，等．基于CROPWAT模型的昆明市水稻需水量及灌溉用水量研究［J］．灌溉排水学报，2015，34（7）：101-104.

[29] 李彦彦，张金萍，林小敏．陆浑灌区主要气象要素与作物需水量的演变特征分析［J］．水电能源科学，2015，33（10）：28-32.

[30] 冯峰，董国涛，张文鸽．黄河流域典型区域目标ET计算及水资源优化配置方案评估［J］．农业工程学报，2014，30（23）：101-111.

[31] 冯峰，何宏谋，陈召军，等．基于R-ET融合的黄河流域水资源管理和调控案例研究［J］．水利水电技术，2014，45（2）：1-4.

[32] 冯峰，荣晓明，张文鸽，等．黄河流域区域目标ET的优化配置及调控措施实例研究［J］．水文，2014，34（5）：39-44.

[33] PATER DROOGERS，RICHARD G ALLEN. Estimating reference evapotran-spiration under inaccurate data conditions［J］. *Irrigation and Drainage Systems*，2001（16）：35-45.

[34] HAZRAT M A，LEE T S，YAN K C. Modeling water balance components and irrigation efficiencies in relation to water requirements for double-cropping systems［J］. *Agricultural Water Management*，2000，46：167-182.

[35] TSANIS I K，NAOUM S. The effect of spatially distributed meteorological parameters on irrigation water demand assessment［J］. *Advances in Water Resources*，2003（26）：311-324.

[36] VIJENDRA. K. BOKEN，GERRIT HOOGENBOOM，et al. Agricultural water use

estimation using geospatial modeling and a geographic information system [J]. *Agricultural Water Management*, 2004 (67): 185-199.

[37] 于涛，何大伟，陈静生．黄河流域灌溉农业的发展对黄河水量和水质的影响 [J]. 农业环境科学学报，2003 (6): 664-668.

[38] 张永勤，缪启龙，何毓意，等．区域水资源量的估算及预测分析——以南京地区为例 [J]. 地理科学，2001 (5): 457-462.

[39] 王少丽，RANDIN N. 相关分析在水量平衡计算中的应用 [J]. 中国农村水利水电，2000 (4): 46-49.

[40] 肖素君，王煜，张新海，等．沿黄省（区）灌溉耗用黄河水量研究 [J]. 灌溉排水，2002 (3): 60-63.

[41] 秦大庸，于福亮，裴源生．宁夏引黄灌区耗水量及水均衡模拟 [J]. 资源科学，2003 (6): 19-24.

[42] 康玲玲，李皓冰，李清杰，等．干暖化对黄河上游宁蒙灌区耗水量影响初析 [J]. 西北水资源与水工程，2001，12 (3): 1-5.

[43] 蔡明科，魏晓妹，粟晓玲．宝鸡峡灌区耗水量变化规律及影响因素分析研究 [J]. 水土保持研究，2007 (6): 260-263.

[44] 井涌．水量平衡原理在分析计算流域耗水量中的应用 [J]. 西北水资源与水工程，2003 (2): 30-32.

[45] 刘苏峡，莫兴国，朱永华，等．基于水量平衡的流域生态耗水量计算——以海河为例 [J]. 自然资源学报，2004 (5): 662-671.

[46] 韩宇平，阮本清，邱林．基于水量平衡的宁夏引黄灌区广义生态耗水量计算 [J]. 灌溉排水学报，2006 (5): 14-16.

[47] 谢立群，郑淑红．作物需水量的计算方法 [J]. 农业与技术，2007 (1): 128-129.

[48] 朱发昇，董增川，冯耀龙，等．干旱区农业灌溉耗水计算方法 [J]. 灌溉排水学报，2008 (1): 119-122.

[49] 王成丽，蒋任飞，阮本清，等．基于四水转化的灌区耗水量计算模型 [J]. 水利学报，2009，40 (10): 1196-1203.

[50] 周志轩，王艳芳．基于BP神经网络的灌区耗水量模拟预测模型 [J]. 农业科学研究，2011，32 (3): 41-43.

[51] 连彩云，马忠明，曹诗瑜．有限供水对河西绿洲灌区玉米耗水量及产量的影响 [J]. 中国农村水利水电，2013 (1): 55-57.

[52] 周鸿文，袁华，吕文星，等．黄河流域耗水系数评价指标体系研究 [J]. 人民黄河，2015，37 (12): 46-49.

[53] HUSSEIN O FARAH, WIM G M BASTIAANSSEN. Impact of spatial variations of land surface parameters on regional evaporation - a case study with remote sensing data [J]. *Hydrological Processes*, 2001 (15): 1585-1607.

[54] SCHMUGGE T, HOOK S J, COLL C. Recovering surface temperature and emissivity from thermal infrared multispectral data [J]. *Remote Sens. Environ*, 1998 (65): 121-131.

[55] JENSEN M. E, BURMAN R. D, ALLEN RG. Evapotranspiration and irrigation water requirement [R]. New York: *American Society of Civil Engineers*, 1990.

[56] TIM R MCVICAR, DAVID L B JUPP. Estimating one - time - of - day meteorological data from standard daily data as inputs to thermal remote sensing based energy balance models [J]. *Agricultural and Forest Meteorology*, 1999 (96): 219 - 238.

[57] 刘小刚，符娜，李闯，等．河南省主粮作物需水量变化趋势与成因分析 [J]．农业机械学报，2015，46 (9)：188 - 197.

[58] 董仁，隋福祥，张树辉．应用彭曼公式计算作物需水量 [J]．黑龙江水专学报，2006，33 (2)：100 - 101.

[59] 冯跃华，高子乐，肖俊夫．涝渍对夏玉米生长发育及产量的影响试验 [J]．人民黄河，2013，35 (3)：76 - 78.

[60] 陈守煜．复杂水资源系统优化模糊识别理论与应用 [M]．吉林：吉林大学出版社，2002：50 - 55.

[61] 陈守煜．水资源与防洪系统可变模糊集理论与方法 [M]．大连：大连理工大学出版社，2005：156 - 168.

[62] 张先起，梁川．基于熵权的模糊物元模型在水质综合评价中的应用 [J]．水利学报，2005，36 (9)：1057 - 1061.

[63] 冯峰，何宏谋．基于 R - ET 融合的黄河流域水资源管理和调控案例研究 [J]．水利水电技术，2014，45 (2)：1 - 4.

[64] 明道绪．通径分析的原理与方法 [J]．农业科学导报，1986a，1 (1)：39 - 43.

[65] 明道绪．通径分析的原理与方法——通径系数与相关系数的关系 [J]．农业科学导报，1986b，1 (2)：43 - 48.

[66] 明道绪．通径分析的原理与方法——性状相关的通径分析 [J]．农业科学导报，1986c，1 (3)：43 - 48.

[67] 明道绪．通径分析的原理与方法——通径分析的显著性检验 [J]．农业科学导报，1986d，1 (4)：40 - 45.

[68] 崔党群．通径分析的矩阵算法 [J]．生物数学学报，1994，9 (1)：71 - 76.

[69] 蔡甲冰．参照腾发量实时预报与冬小麦多指标综合精量灌溉决策研究 [D]．北京：中国农业大学，2006.

[70] 蔡甲冰，刘钰，许迪，等．基于通径分析原理的冬小麦缺水诊断指标敏感性分析 [J]．水利学报，2008，39 (1)：83 - 90.

[71] 魏清顺，孙西欢，刘在伦，等．导流器几何参数对潜水泵性能影响的通径分析 [J]．排灌机械工程学报，2014，32 (3)：202 - 207.

[72] 武斌，王爱真，赵艺，等．河南省三义寨引黄灌区续建配套与节水改造规划报告 [R]．开封：开封市水利建筑勘探设计院，2008：68 - 72.

[73] 冯峰，贾洪涛，孟玉清．基于流向跟踪法的灌溉水有效利用评价研究 [J]．人民黄河，2017，39 (5)：140 - 143.

[74] 冯峰，孙莹，冯跃华，等．基于流向跟踪和差异度的引黄灌区完备度评价 [J]．人民黄河，2019，41 (11)：159 - 164.

[75] 冯峰，倪广恒，孟玉清．基于用水流向跟踪和多重赋权的引黄灌区用水效率评价 [J]．农业工程学报，2017，33 (5)：145 - 153.